ちくま新書

生物多様性を問いなおす

――世界・自然・未来との共生とS

高橋 進
Takahashi Susumu

生物多様性を問いなおす——世界・自然・未来との共生とSDGs【目次】

第二章　地域社会における軋轢と協調　095

プロローグ　混乱の中での問いかけ

生命の豊かさをも表す広い概念の「生物多様性」。その捉え方は、個人や立場の違いだけでなく、国によって、あるいは時代によっても様々だ。この「生物多様性に対する眼差し」の相違・変遷を解き明かすことは、本書のテーマの一つだ。そこで本書のプロローグとして、この眼差しの違いを如実に表す個人的な体験（エピソード）から始めようと思う。

ＪＩＣＡプロジェクト「インドネシア生物多様性保全計画」（以下、ＪＩＣＡプロジェクト）の初代リーダーとしての赴任から三年近くが経ち、プロジェクト第一フェーズの終了が近づいた一九九八年五月末、継続する五年間の第二フェーズの協定調印のため、日本側ミッションとインドネシア側との協議がジャカルタの国家開発計画庁（ＢＡＰＰＥＮＡＳ）会議室で開始された。

その会議の休憩時間に廊下に出た私に向かって、開発計画庁の高官が、「日本は、このプロジェクトの見返りに何を求めているのか」と真顔で質問してきた。どうやら、生物多様性保全の援助の裏には熱帯の生物資源を確保したいとの日本の欲望があるのではないか、と疑いの目で見られているようだ。私は、人類の生存基盤としても熱帯生態系の保全は重要であり、プロジェクトは日本一国のためだけではないことを説いたが、休憩時間はあっという間に過ぎてしまった。

午後からの協議再開をジャカルタ市内のホテルで待機していた私たちに突然、暴動が起きたので会議は中止するとの報が届いた。後に言う、いわゆる「ジャカルタ暴動」だった。日本大使館の指示によりインドネシア滞在者全員が日本へ一時帰国することになり、攻撃対象の中華系住民と間違われないようにコピー用紙に油性ペンで赤丸を描いた急ごしらえの日の丸をフロントガラスに貼り付けた数十台ものバスを連ねて、チャーター便の待つ国際空港に向かった。この暴動を契機として、三〇年にわたったスハルト大統領の「開発独裁政権」は崩壊した。

「生物多様性」は、必ずしも一義的に定義されているものではないが、生物多様性条約の定義、すなわち遺伝子（種内）、種（種間）、生態系の三つのレベルでの多様性というのが一般的だ。また、その価値は、今日では「生態系サービス」として知られている。生態系サービスは、食料などの生物資源を提供する「供給サービス」、気候安定などの「調整サービス」、芸術対象や精神安定などの「文化的サービス」、土壌形成などの「基盤サービス」に分類されている。私はこの生態系サービスを、供給サービスとしての「生物資源」と、他の三つのサービスを包含した「生存基盤」に大別して捉える。

一九九八年当時私に投げかけられた「問い」は、熱帯の生物資源大国インドネシアの政府高官として関心を持つ「生物資源」に着目したものに違いない。それに対して私は地球全体の「生存基盤」としての生物多様性を説いたのだ。当時の日本政府が閣議決定した「政府開発援助（ODA）大綱」（一九九二年）には、環境保全がODAの基本理念の一つとされ、「先進国と開発途上国が共同で取り組むべき全人類的な課題」と位置付けられていた。「生物資源」と「生存基盤」という異なる眼差しの視程の先が、短時間の休憩時間で交わるはずもなかった。

歴史に残るジャカルタ暴動の混乱の中での問いに対する再説明を果たせぬまま、二〇年以上が経ってしまった。この間、生物資源をめぐる国際関係も大きく変化してきた。大航海時代以降、ラテンアメリカ、アフリカ、そしてアジアの生物資源は、ヨーロッパ諸国に略奪・独占されてきたが、現代ではグローバル企業（多国籍企業）がこれに代わっている。

こうした先進国・グローバル企業の生物資源への対応に対して、途上国はバイオパイラシー（生物資源の海賊行為）として非難し、生物資源の権利（原産国の権利）を奪い返そうとする立場をとり、南北対立が続いている。しかも、米国は未だに自国の産業界保護のために生物多様性条約を批准していない。それどころか、「国益」重視の援助や「自国第一主義」の主張が世界的にも台頭してきている。

日本の国際開発援助も、二〇一五年に閣議決定された「開発協力大綱」では、地球規模問題などは引き続き重点課題とされつつも、開発協力の理念・目的として、「国益の確保」への貢献が明文化され、見返りを求める「援助」が前面に押し出されるようになってきた。また、長年にわたる日本の商業捕鯨再開要望に対して、これを拒否する決議をした国際捕鯨委員会（IWC）から、日本は脱退（二〇一九年六月三〇日）し、翌七月一日から三一年ぶりに商業捕鯨を再開した。

さらに、二〇二〇年初頭には、新型コロナウイルスのパンデミック（世界的大流行）が発生、世界各国は外出禁止・自粛など都市封鎖、さらに出入国制限といった鎖国状態の施策で対応した。地球温暖化や生物多様性など地球規模の環境問題と同様に世界的協調が必要な事案にもかかわらず、むしろ国単位で孤立化して対応する傾向が強まっている。

一方で、先進国、途上国の分け隔てなく、世界的視野に立って社会、経済、環境を網羅した課題に取り組み、持続可能な社会を目指すための目標「持続可能な開発目標（SDGs／Sustainable Development Goals）」が、二〇一五年の国連サミットですべての加盟国により合意された。

このＳＤＧｓは一七項目の目標（ゴール）で構成されているが、この中には、「海の豊かさを守ろう（目標14）」や「陸の豊かさも守ろう（目標15）」といった生物多様性に直接的に関係のある目標だけではなく、世界的な環境課題でもある気候変動（目標13）のほか、生物多様性とは一見関係ないようにも思える貧困（目標1）、飢餓（目標2）あるいはエネルギー（目標7）や平和（目標16）、パートナーシップ（目標17）までもが含まれている。

ＳＤＧｓ達成のためには、世界的な協調が必要なことはもちろんであるが、生物多様性の保全や生物資源の持続可能な利用もまた関連する。逆に、生物多様性の保全や生物資源の持続可能な利用にも、貧困や飢餓、エネルギー、パートナーシップなどといったＳＤＧｓの達成が重要なカギを握っている。本書では、こうした生物多様性とＳＤＧｓの密接な関連を理解するために、両者の関係を解き明かしていこうと思う。

本書は、コロンブスの米大陸到達（一四九二年）からちょうど五〇〇年後に成立した「生物多様性条約」（一九九二年）により世界的に広まった「生物多様性」をキーワードとして、私自身の研究成果や体験を踏まえつつ、「自然共生社会」の実現や「ＳＤＧｓ」達成について改めて問いなおすものである。

具体的には、大航海時代以降の植民地・帝国主義時代からグローバル企業などによる現代のバイオテクノロジーの時代までの生物資源をめぐる先進国と途上国といった国際間の関係（第一章）、貴重な自然を保護するための国立公園で生じる軋轢をめぐる支配者と先住民などの地域社会との関係（第二章）、資源でもあり私たちと同じ生命体でもある生きものや自然との関係（第三章）、ＳＤＧｓと自然の継承など将来世代との関係（第四章）について読み解いていく。

さらに、生物多様性保全のための「第三のアプローチ」を提示するが、これはまたＳＤＧｓ達成の手段でもある最終目標17「グローバル・パートナーシップ」のひとつの姿ともなる。そして、現代風潮の「自国第一主義」、あるいは現代人の「利益第一主義」から、ひとつの地球を形成する他国・地域、生きとし生けるものである他生物、さらには地球の未来を託す将来世代を包摂し、これらと共生する「三つの共生」（世界・自然・未来との共生）へのシフトを促すことを終着点として設定したい（第五章）。

第一章

現代に連なる略奪・独占と抵抗

およそ二〇万年前の現生人類（ホモ・サピエンス）誕生以来、私たちは自らの命を支え、生活していくために、食料や薬草、さらには建築材や燃料、繊維など、いわば「生活の源泉」を自然から獲得してきた。これが、前述の「プロローグ」で大別した二つの生物多様性の価値・役割のうちのひとつ「生物資源」だ。

大航海時代とその後の帝国主義による植民地支配の時代になると、ラテンアメリカ、アフリカやアジアなどの植民地が原産の生物資源は、ヨーロッパ諸国で重宝され、高価で取引された。これら資源をめぐってヨーロッパ諸国は争奪戦を繰り広げ、資源を独占した。

現代の私たちの生活を支えている食料や医薬品などは、遺伝子組換えなどのバイオテクノロジーによって成り立っているが、その基となるものは熱帯林などに存する生物資源だ。その資源をめぐり現代では、かつての植民地宗主国に代わって先進国あるいはグローバル企業が争奪戦を続けている。これに対して、資源を略奪されてきた原産国の途上国も反撃の狼煙（のろし）を上げた。

本章では、こうした生物資源をめぐる先進国と途上国といった国際間の関係をみてみる。まず第一節では、現代に連なる先進国やグローバル企業による生物資源の支配構造がどのように形成されたのか、その大航海時代以来の歴史を「生物多様性」から読み解いていくことにする。第二節では、主として現代の私たちによる生物資源利用が、熱帯林の生物多様性をも蝕んでいる事例を紹介する。いわば私たち自身が、気がつかないうちに熱帯林破壊の当事者にもなっていることを確認する。さらに第三節では、現代のバイオテクノロジー時代における先進国・グローバル企業による生物資源の略奪・独占に対して、資源原産国でもある途上国が「生物多様性条約」交渉などの場で抵抗・逆襲する様子をみてみる。

1　植民地と生物資源

†西洋料理とコロンブスの「発見」

私たちが日常何気なく口にしている西洋料理の多くは、それらの食材が原産地である植民地などからヨーロッパへ伝播されたことによって成立したものだ。団塊世代の私がイタリア料理と思い込んでいた日本生まれのナポリタン（関西では「イタリアン」とも）の食材の原産地は、イタリアからは遠く離れた地域だ。

ナポリタンに使用されるパスタの原料の小麦は、紀元前九〇〇〇年頃までには栽培されるようになり、原産地の中東からヨーロッパに伝えられた。トマトケチャップのトマトやトッピングのピーマンはラテンアメリカ原産だから、ヨーロッパに渡ったのはコロンブスのアメリカ到達とそれに連なる大航海時代以降となる。スペインを経てイタリアにトマトが伝えられたのは一五四八年だが、料理としてトマトソースを使ったパスタができたのは、さらに三〇〇年以上たった一九世紀に入ってからだ。米国でイタリア移民がトマトをベースにした多くのイタリア料理を開発したものが、イタリアに逆輸入された結果だという。

分類	主要作物等
穀類	トウモロコシ
豆類	インゲンマメ、落花生
根菜類	サツマイモ、ジャガイモ、キャッサバ
果樹類	パイナップル、パパイヤ、アボカド、グアバ、グレープフルーツ、カシューナッツ
野菜類	トマト、カボチャ、ピーマン
香料類	トウガラシ、バニラ
食用油類	ヒマワリ、（落花生）
飲料・嗜好品類	カカオ、タバコ、コカ
樹脂・繊維類	ゴム（パラゴムノキ）、綿（ケブカワタ種）

表1　ラテンアメリカ原産の主要作物
（出典）ポンティング（1994年）、ワード（2003年）などより作成した高橋（2014年）を改変

現在の私たちが思い描いている西洋料理の多くは、それらの食材が原産地であるラテンアメリカからヨーロッパへ伝播されたことによってはじめて成立したものなのだ。これは西洋料理に限ったことではない。世界中で使用されている香辛料のトウガラシをはじめ、実に多くの食材や嗜好品などがラテンアメリカ原産だ（表1）。ジャガイモ、サツマイモ、キャッサバは、世界中の人々の生命を支えている重要な根菜（イモ類）だが、これらもラ

テンアメリカ原産なのだ。

ところで、大航海時代の先駆けとなったコロンブスが、米大陸を発見したとされる一四九二年の航海。この航海で発見したのは、サン・サルバドル島（現在のバハマ領）だったが、その後三度目の航海で米大陸の土を踏んでいる。ここで問題なのは、それが「発見」といえるかどうかだ。

ヨーロッパ人からみれば、未知の大陸を発見したことになる。その後の「大航海時代」も、英語では「Age of Discovery（発見の時代）」という。しかし、その新大陸には既に先住民（ネイティブ・アメリカン）が暮らしていた。当時のヨーロッパ人にとっては未知の大陸でも、人類としては既知であったとして、現在では教科書などでも「コロンブス、アメリカ到達」と記載されている。

日本では高校の世界史教科書で、この「発見」から「到達」へといつ頃記述が変更されたのだろうか。教科書図書館（東京都江東区）で調べてみた。どうやら、「到達」の表現が定着したのは、コロンブスの到達から五〇〇年を記念して米大陸リオ・デ・ジャネイロ（ブラジル）で開催された「国連環境開発会議（地球サミット）」（一九九二年）あたりからのようだ。この会議で採択された「リオ宣言」には、先住民の権利の尊重などが盛り込まれた。そしてこの時期は、先住民を追放して設置された国立公園などの自然保護地域の土地が、再び先住民に返還されるようになった時代でもあった（第二章参照）。

†ヨーロッパの覇権

新大陸で栄えていたアステカ王国やインカ帝国などは、コロンブスに続いて続々とやってきたコンキスタドールと呼ばれるスペイン軍人などにより征服され滅ぼされた。彼らが新大陸からヨーロッパに持ち帰ったものは金や銀だけではない。多くの農作物（食料品）などが新大陸からヨーロッパに伝わった。トウモロコシ、インゲンマメ、カボチャ、ジャガイモなど多くの作物はこの地で紀元前から栽培されており、ヨーロッパ人が野生種を持ち帰って栽培を始めたものではない。

スペイン人が到着した時点で、南米原産の植物が六〇種以上栽培化されていて、大部分はアンデス地域が原産地だった。この栽培化は、アンデス高地において数千年をかけて編み出された生産性の高い耕作方法だった。そのひとつに、この地方の名の由来となった急峻な山の斜面に階段状に作られた段々畑アンデネス（単数形はアンデン）がある。この段々畑は、耕作面積を増加させ、日照も確保し、土壌流出を抑える効果を有していた。

世界文化遺産として有名なマチュピチュ遺跡にも大規模な段々畑があり、農事試験場の機能を有していたとの説もあるほどだ。エクアドル南西部やペルー北部では、一万年前頃からカボチャが栽培されていたことが、遺跡の研究などから確認されている。

新大陸からヨーロッパに多くのものがもたらされたのとは逆に、ヨーロッパからも馬や鉄砲などが新大陸に伝えられた。この相互の伝播によって、それぞれの地域の生活は劇的に変化することになった。

アンデネス（段々畑）の地形が見られる世界遺産マチュピチュ（ペルー）

食料品、家畜、鉄器から病原菌に至る大量の相互伝播を米国の歴史学者アルフレッド・W・クロスビーは、「コロンブスの交換」と称した。しかしその交換は、必ずしも公平、平等なものではなかった。現代流にいうならば、ヨーロッパの輸入超過ということになる。コロンブスの交換によって、ヨーロッパの人々の暮らしははるかに豊かになったのに対して、新大陸の人々の生活には十分な恩恵がなかった。逆に疫病による人口減少や文明の破壊をもたらした。

米国の進化生物学者ジャレド・ダイアモンドは、ヨーロッパ社会が新大陸を征服できた理由として、銃器・鉄製の武器、そして騎馬などにもとづく軍事技術、ユーラシアの風土病・伝染病に対する免疫、ヨーロッパの航海技術、ヨーロッパ国家の集権的な政治機構、そして文字を持っていたことをあげている（『銃・病原菌・鉄』倉骨彰訳、草思社）。こうして不公平、不平等な「交換」は、コロンブス以降の大航海時代、帝国主義時代を通じて、新大陸（米大陸）のみならず、アフリカやアジアでも繰り広げられた。この構図は現在の国際情勢にまで続く原型を形作ることとなった。

そしてコロンブスの米大陸到達から五〇〇年以上を経た現代、武力こそ伴わないものの、「生物多様性条約」交渉の場で、ヨーロッパなどの先進国はラテンアメリカやアフリカ、アジアなどの途上国から反撃を食らうことになる（本章3節参照）。

†チョウジと東インド会社

大航海時代の初期に覇権を振るったスペインとポルトガルは、「トルデシリャス条約」（一四九四年締結）と「サラゴサ条約」（一五二九年締結）による二本の線で世界を分割するに至った。その後、ヨーロッパから世界に進出したのは当時の新興国イギリスやオランダ、フランスだった。

オランダ植民地時代にはバタヴィアと呼ばれた、現在のインドネシアの首都ジャカルタ。

市内北部の旧市街地コタ地区には、ゴッホなどの絵画に描かれたような跳ね橋やコロニアル様式のカフェ・バタヴィアなどが今に残されている。その一角に、壁面に独特のマークをあしらった大きな建物がある。この建物も植民地時代からのもので、壁面のマークはオランダ東インド会社の頭文字VOCをデザインしたロゴだ。ゲートに載っているのは、当時、香辛料などをヨーロッパに輸出する際に入れ物として使用した壺を模ったものだ。新興国オランダの東インド会社設立は、世界最初のグローバル企業といわれるイギリスの東インド会社創業（一六〇〇年）から遅れることわずかに二年後だった。

今も残るVOCの建物（ジャカルタ・インドネシア）

この東インド会社の重要な輸出品目が香辛料のチョウジ（クローブ）だった。チョウジは、熱帯雨林の高さ一〇メートルほどの常緑樹で、そのつぼみを乾燥させたものが釘に似た形をしているために、中国で「丁」の字が当てられたといわれている。英語のクローブ（Clove）も、フランス語で釘を意味するClouが語源だという。オイゲノールを主成分として殺菌・消毒効果があるため、紀元前から薬品として利用されてきた。このためチョウジは独特の香りとあいまって肉料理などによく用いられた。現代と違って冷蔵庫などがない時代には、肉食を中心とするヨーロッパでは保存と風味付けに大変重宝がられた。当時は同じ重さの金と取引されたほどだ。

そしてこのことが、一六世紀のヨーロッパ人商人や探検隊が東南アジアに進出する契機ともなった。チョウジは、テルナテ島を中心とするモルッカ諸島（現在のインドネシア）が原産地で、大航海時代に最初のヨーロッパ人であるポルトガル人が訪れた頃は、世界で唯一の産地だった。チョウジだけではなく、同様に肉料理などに使用される香料、肉荳蔲（ナツメグ、メース）もモルッカ諸島だけに産した。この二つのスパイスの唯一の産地であるモルッカ諸島は、「香料諸島」とも呼ばれる。いわゆる世界分割がなされた「トルデシリャス条約」と「サラゴサ条約」締結後も、一五八〇年にスペイン国王フェリペ二世がポルトガル国王を兼ねるまで、地元の王国も巻き込んだポルトガルとスペイン間のチョウジ貿易権確保の争いが続いた。

その後、一五九八年には新興国オランダの船隊がモルッカ諸島に来航するようになった。ポルトガルが独占権を主張していたアジア交易に対して今度はオランダ東インド会社（V

OC）の進出が始まり、新たにアジアへ乗り出したイギリスとも激しい鍔迫り合いを演じつつ、一六八一年にはオランダがチョウジ貿易の独占に成功した。覇権争いに勝利したオランダは、チョウジとナツメグの木の七五％を伐採して、厳重に防備された三つの島だけに生産を集中させて、これらの権益を独占した。オランダ・イギリスの東インド会社間の争いは企業間抗争ではあったが、実は重商主義による国家間の争いでもあり、現代の経済ナショナリズムと重なるものでもある。

その後、フランスやイギリスによってひそかに持ち出されたチョウジの苗木は、世界各地で栽培されるようになった。これにより、オランダの独占が崩れ、富の源泉も失うこととなった。現在では、チョウジのほとんどが、かつてフランスにより持ち込まれた東アフリカで生産されている。これは、後述のように天然ゴムが原産地のアマゾンから持ち出され、その後東南アジアなどで栽培されることによってポルトガルの権益が失われたのと酷似している。

また、オランダ東インド会社は、インドネシアだけではなく、日本とも縁がある。鎖国政策が続く江戸時代にヨーロッパで唯一交易が許されたのがオランダだったが、香辛料などを求めてオランダから東インド（インドネシア）へ大量に派遣された商船の一隻リーフデ号が臼杵湾（現在の大分県）に漂着（一六〇〇年）したのが契機だったともいわれている。

救助された乗組員の中には、後に江戸幕府の外交顧問となったイギリス人ウィリアム・アダムス（日本名、三浦按針）や東京駅周辺の八重洲（東京都中央区）の地名の元となったオランダ人ヤン・ヨーステン・ファン・ローデンステイン（耶楊子）も含まれていた。

それだけではない、イギリスやオランダの東インド会社は、グローバル企業の先駆者（源）でもあったという点で、現代にまで連なる由縁があるといえよう。

†プラントハンターと植物園

大航海時代からそれに続く植民地時代（帝国主義時代）には、ヨーロッパから世界各地に向かう船団には、必ずといってよいほど博物学者が乗り込んでいた。彼らは、新世界で多くの動植物を発見し、それらの標本やスケッチを本国にもたらした。

一七世紀から二〇世紀中期には、ヨーロッパで異常なまでの園芸ブームが起きた。この時期には、政府のみならず、園芸協会、種苗会社、そして裕福な個人までが競って、植物学と栽培に精通した者を雇い、中東、新世界、東アジアなどに送り込んだ。また、一攫千金を夢見て、積極的に海外に出かけて、食料、香料、薬、繊維等の有用植物に加えて、庭園や温室を飾るエキゾチックな植物を求めるものも出てきた。そして、これらを「プラントハンター」と呼ぶようになった。

オックスフォード大学で植物学を学んだジョゼフ・バンクスは、プラントハンターとしてジェームズ・クック（キャプテン・クック）のエンデヴァー号による南太平洋航海に参加し、タヒチ、オーストラリア、ジャワなどから三〇〇〇もの植物標本を持ち帰った。バンクスは、イギリスの王立キュー植物園（世界遺産、二〇〇三年登録）の顧問（実質的な園長）に任命されると、一七七二年にはキューの植物学者フランシス・マッソンを、クックによる第二回目の世界探検航海に乗船させて喜望峰に向かわせた。マッソンは、キュー植物園から派遣された最初の公式プラントハンターといわれている。バンクスは、その後もアーチボルド・メンジーズ（アメリカ北西海岸）、ウィリアム・カー（中国）、アラン・カニンガムとジェームズ・ボウイ（いずれもラテンアメリカ）らを世界各地に派遣した。

キュー植物園は、多くのプラントハンターを世界各地に派遣し、世界中の植物を収集したことで知られている。彼らプラントハンターは、ゼラニウム、ゴクラクチョウカ、ヤマブキなど多数の種子を持ち帰り、これらの花は現在でもキュー植物園をはじめ、ヨーロッパの各地を彩っている。

一六五四年にオランダによって喜望峰（南アフリカ）に植物園が開設されて以来、一八世紀末までには世界中で六〇〇以上の植物園がヨーロッパ人の手で設立されたが、これは単に都会での癒しの公園緑地というだけではなく、植民地からの珍しい医薬品や換金作物

ビクトリア朝時代に完成したキュー植物園パーム・ハウス（リッチモンド・イギリス）

のための科学的な実験拠点であり、当地の気候に馴れさせるため（気候馴化）の中継基地でもあった。キュー植物園は、これらの植物園ネットワークの中心だった。

イギリスによる最初の植民地植物園は、西インド諸島セントヴィンセント島に一七六四年頃に創設したものといわれる。バンクスが東インド会社に助言して開設されたカルカッタ（現コルカタ・インド）植物園は、一七八七年に完成した。その後、キュー植物園の歴代園長、ウィリアム・ジャクソン・フッカー、ジョセフ・ダルトン・フッカー、ウィリアム・シセルトン＝ダイアーらは、一八八九年までに大英帝国の植物拠点としてのキュー植物園支部を、インド北部のバンガロールをはじめ、東南アジア、オーストラリア、ラテンアメリカやアフリカなど各地の植民地に建設した。

初期のプラントハンターにとって、貴重な植物を気温変化や乾燥などに耐えて長い船旅の末に生きたまま持ち帰るのは至難の業だった。これを容易にしたのは、医師であり園芸家でもあったイギリス人ナサニエル・バグショー・ウォードが発明した、後に「ウォードの箱」として知られるようになったガラス箱だった。さらに、持ち帰った後の熱帯産植物を冷涼なイギリスで栽培することを可能にしたのは、鉄骨やガラスといった一九世紀初頭に登場した当時の新技術を使用したドーム型温室だった。ビクトリア朝時代に完成した「パーム・ハウス」は、今ではキュー植物園のシンボルのひとつともなっている。

†日本にも来たプラントハンター

世界中に出かけて行ったプラントハンターは、日本にも来ていた。そのひとり、フィリップ・フランツ・バルタザール・フォン・シーボルトは、江戸時代末期（一八二三〈文政六〉年）に来日した。ドイツ人であったが、当時の日本は鎖国時代のため、オランダ東インド会社（VOC）派遣のオランダ商館付き医師として長崎出島に住むことになった。医学のほか、動植物などいわゆる博物学にも精通していた。シーボルトは、長崎で高野長英などに医学を教え、また伊能忠敬作成の日本地図を国外に持ち出そうとして発覚した事件（シーボルト事件）で有名だ。国外に持ち出そうとしたのは地図だけではない。長崎から江戸参府の間に採取した多量の動植物標本も持ち出した。

シーボルトが日本からヨーロッパに持ち出した動植物標本は、現在でもオランダの国立植物学博物館ライデン大学分館などに保管されている。帰国後は、『日本動物誌』『日本植物誌』などにより、日本の自然を広くヨーロッパに紹介した。

シーボルトの著書『江戸参府紀行』には、風景や風俗のほか、当時はどこにでもいたトキを含む動物や植物も多く名があげられている。特に植物名が多いが、そのうちのいくつかはヨーロッパの植物園用に出島に送ったことも記されている。さらに、真珠やサンショウウオ（引用注：ハコネサンショウウオ）が薬として用いられていること、センブリとダイダイから胃痛や頭痛などに効く和中散という薬が作られていることなども、驚きをもって記述されている。

シーボルトの来日に先立つこと約一三〇年前の一六九〇年に、シーボルトと同じくオランダ商館医師として来日したドイツ人エンゲルベルト・ケンペル。彼もまた日本の植物などの自然や歴史、風土に興味を持って日本中を調査した。ケンペルはアジア各地での見聞を記した『廻国奇観』の著者として知られているが、その第五巻はほとんど日本の植物の記述に費やされている。また、日本での調査結果の遺稿が『日本誌』として出版された。

このケンペルから八〇年あまり後に来日したのが、スウェーデン人医師カール・ペーテル・ツンベルクだ。ツンベルクは植物分類で有名なリンネの弟子であり、日本でも多くの植物標本を収集し、ヨーロッパに持ち帰った。それらの標本をもとに、一七八四年に『日本植物誌』を完成した。シーボルトは、江戸参府の際に箱根で、ツンベルクが報告したたくさんの植物の花が咲いているのを認め満足した、と記述している。

このように、シーボルトやケンペル、ツンベルク、さらにイギリス人植物学者ロバート・フォーチュンなど多くの外国人が、さまざまな日本に関する情報とともに、プラントハンターとして大量の植物（標本）をヨーロッパに持ち帰った。なかでもチャノキ（茶の木）を中国からインドに持ち込んでインドを一大茶葉生産地としたフォーチュンは、正真正銘のプラントハンターだった。

彼は、当初から観賞用植物の採集を主目的に来日し、江戸の植木産地だった団子坂や染井などでヨーロッパに知られていない園芸植物を大量に買い込んだ。その中には、大型サクラソウの仲間のクリンソウもあった。また、シーボルトによりヨーロッパにもたらされたアジサイやヤマユリなどは、ヨーロッパにはない珍しい植物として、上流階級にもてはやされた。ヨーロッパ産のユリの花は小型なため、日本産の美しく大きな花を持つユリ、中でもカノコユリは絶賛されたという。

当時のヨーロッパ貴族階級では園芸ブームが起きており、東洋やアメリカ新世界などの珍しい植物を売り込んで一攫千金をもくろむ者も多かった。フォーチュンはもとより、彼らを「プラントハンター」と呼ぶのは、前述のとおりだが、シーボルトなど江戸末期に来日して箱根路を旅したヨーロッパ人も、結果としてプラントハンターの一翼を担ったともいえよう。

さらに、江戸幕府に開国を迫ったペリー提督が率いる黒船の来航目的（第三章1節参照）のひとつにも、日本での植物採取があったという。この黒船が持ち帰った大量の植物標本は、現在でもハーバード大学植物資料館、ニューヨーク植物園標本館などに保存されている。こうして、フォーチュンやシーボルトなどによってヨーロッパにもたらされたクリンソウやアジサイ、ユリなどは、その後に園芸植物として品種改良されて、日本に逆輸入されている。

†日本人が園長――ボゴール植物園物語

巨大な板根(ばんこん)を有するカナリウム（カンラン科）やフタバガキ科の巨樹をはじめ、世界各地の熱帯特有の植物が満ち溢れているボゴール植物園は、インドネシアの首都ジャカルタから南に約六〇キロメートルのボゴール市内にあり、東洋で最大規模の熱帯植物園だ。オランダ統治時代からジャカルタ（旧名バタヴィア）の猛暑から逃れる避暑地でもあるボゴールには、オランダ総督府がおかれ、現在でも植物園に隣接したボゴール宮殿として、その建物は残っている。

一八一一年から一六年までの間、オランダに代わってジャワを支配していたのは、イギリスだった。世界最大の花ラフレシアにその名を遺す総督トーマス・ラッフルズとその妻オリビアもボゴール宮殿を住居とし、これに連なる土地をキュー植物園から呼び寄せた二人の庭師によって夫妻が好んだイギリス式庭園として整備した。

ボゴール植物園は、植民地からの珍しい医薬品や換金作物のための農業実験場、気候馴化の中継基地でもあり、大航海時代以降、ヨーロッパ列強の資源争奪戦の一翼を担っていた。英領の後再びオランダ領となると、一八一七年五月一八日にラインヴァルトによって正式にボゴール植物園として設立された。開設当初の面積は四七ヘクタールで、初代園長となったラインヴァルトにより作物や薬草などおよそ九〇〇種の植物が集められた。

一八四八年には西アフリカから四粒のアブラヤシ（オイルパーム）の種子が植物園にもたらされ、その後の東南アジア

巨大な板根のカンラン科樹木（ボゴール植物園・インドネシア）

におけるアブラヤシ・プランテーション（大規模農園）の造成の基となったが、一九九三年には最後の一本が枯死してしまった。ここから東南アジア各地に伝播したアブラヤシから生産されたパームオイル（ヤシ油）は、現在ではインドネシアを含む東南アジアの主要産品となっているが、同時に熱帯林伐採の圧力ともなっている（本章2節参照）。

このほかにも、インドネシア国内外から多くの植物が収集されて植物園に持ち込まれ、手狭になった植物園は拡張された。また薬草園や実験室なども整備されて科学的研究の中核ともなり、現在の国際林業研究センター（CIFOR）、国立ボゴール農科大学、さらにインドネシア科学院（LIPI）やインドネシア林業省の機関などが集まる生物学・農学の研究都市としてのボゴール発展の礎となったともいえよう。

このボゴール植物園は、第二次世界大戦中の一九四二年以降は日本の支配下となり、園長は日本人植物学者の中井猛之進が、ハーバリウム長（腊葉館〈植物標本館〉長）は金平亮三が務めた。軍部による木材調達のための植物園樹木伐採要求があったが、中井園長はこれを拒否して植物園を守り、名称も日本語の「Shokubutsuen（植物園）」となった。中井園長らの軍部に対する抵抗によって、植物園が現在まで存続することとなったのだ。インドネシア独立（一九四五年）後には、「クブン・ラヤ（大庭園）」と改称された。約一万五〇〇〇種の植物が栽培された八七ヘクタールにも及ぶ植物園とそこに存する実験室棟、図書館などは、インドネシア科学院により管理されている。

†ゴムの都の凋落

現代の東南アジアには、原産国でヨーロッパ諸国の争奪戦の対象となり、その後にひとりのプラントハンターによって大きく運命が変わった樹木のプランテーションが広がっている。それは、ゴムだ。

東南アジアにはもともと、ジェルトンなど原産の野生ゴムノキが何種類かある。これらは、観葉植物としても栽培されているが、かつてはチューインガムの基質や接着剤、歯科治療の根管充塡剤（じゅうてんざい）などに利用されてきた。

ゴム樹液採取（ジャワ島西ジャワ州・インドネシア）

しかし、現在の東南アジアでみられる広大なゴム林は、実は東南アジア原産のものではない。現在では、東南アジア原産種は商品需要の低下や野生ゴム樹の減少などのため、あまり採取されなくなってきたからだ。

延々と続くゴム林をよく見ると、人間

の腰の高さのあたりの幹に、缶詰の缶をペンキで塗ったようなものやココナツヤシの実を半分に切ったお椀のようなものが括り付けられている。傷つけられた樹皮から染み出してお椀に溜まった白い樹液は回収され、これから天然ゴムが生成される。このような私たちが目にする大規模なプランテーションで植えられているゴムは、どこから来て、どのようにこの地まで渡ってきたのだろうか。

これらのプランテーションで植えられているゴムは、パラゴムノキだ。南米アマゾン流域だけに産出した天然ゴム（パラゴムノキ）は、自動車工業の発展によるタイヤなどの需要により、「白い黄金」としてブームになり、原木は利権独占のために門外不出とされていた。大西洋から大河アマゾンを一五〇〇キロメートルも遡ったマナウスは、当時のヨーロッパの高級オペラハウスにも引けを取らない大理石造りの豪華なアマゾナス劇場（一八九六年定礎）が建築されるほど、ゴム取引の中心地として栄えた。

しかしこのゴムで金儲けをするには、広大なアマゾンの密林に点在しているゴムの木を一本一本探し出さなければならない。それはまるで博打のようなものだったが、一攫千金を夢見る者たちは、はるばる大西洋を渡って密林の奥深くに分け入った。そして、ゴムの木のありかを知っている先住民に無理やり案内させ、ゴム採取に使役した。当時のゴム採取は、ゴムの木の樹皮をすべて剝いで樹液を採取したため、ゴムの木は枯死し、ゴム樹液採取者は新たな木を探さなければならず、ゴム価格は高騰した。

イギリスは、一八七〇年まで毎年三〇〇〇トンのゴムを七二万ポンドも支払って輸入し続けていた。イギリス政府は、この打開策を探検家ヘンリー・ウィッカムに要請した。ウィッカムにより、一八七六年にブラジル税関の目を逃れて輸出された七万粒のパラゴムノキの種子は、ロンドンの王立キュー植物園に運ばれて温室にまかれた。

発芽したわずか三〇〇〇本の苗木は前述の「ウォードの箱」という植物移送用の特製ガラス箱に入れられ、翌年一八七七年にイギリス領インドのセイロン島（現、スリランカ）ペラデニア植物園に向けて船で送られた。また、別途シンガポールの植物園にも二二本の苗木が送られた。これらの苗木により、後の東南アジアのゴム園（プランテーション）のもとが築かれた。マレー・ゴムは、大量に生産されただけではなく、アマゾン産ゴムの五分の一という安価だった。こうして、アマゾンのゴム・ブームも、イギリスによる種子の密輸出によって崩壊してしまった。

一九世紀末から自動車工業の発展に伴って需要の伸びた天然ゴム。その発端となったのは、一八四五年にイギリス人ロバート・トムソンによって発明された空気入りタイヤだ。その後、アイルランドに住む獣医師ジョン・ボイド・ダンロップ、フランスのミシュラン兄弟、アメリカ人チャールズ・グッドイヤーらにより、ほぼ現在の自動車タイヤの形態が確立した。これらの人物の名は、現在でも世界的企業の名称として人々に知られている。

自動車の普及などに伴って東南アジアでのゴム・プランテーションは拡大され、東南アジアで生産される天然ゴムの多くは、太平洋を渡ってアメリカに輸出された。石油からの合成ゴムが製造されている現代でも、飛行機や自動車などの高熱耐久性のあるタイヤには、天然ゴムが使用されている。現在の天然ゴム生産量の最も多い国はタイで、二〇一六年にはおよそ四五〇万トンを生産し、以下はインドネシア、ベトナム、インドなどとなっている。日本国内での天然ゴムは、インドネシア（六二・八％）とタイ（三四・三％）からの輸入が九七％を占めている。

かつて白い黄金と呼ばれて莫大な利益をもたらしたゴムの木を求めてヨーロッパ人が奥地まで入り込んだアマゾンの密林は、現在では肉牛の牧場やダイズ畑の開墾のために伐採され、火入れによる森林火災で減少している。そしてブラジル憲法で先住民が権利を有する土地として保障されたアマゾンの密林も、結局は金の成る木として利用され続けている。

2 熱帯林を蝕む現代生活

†そのエビはどこから?

大航海時代や帝国主義の時代に遡るまでもなく、現代の私たちの豊かで快適な生活を支える生物資源の生産地環境や人々の暮らしに思いを巡らすことは大切なことだ。

エビ養殖池（スマトラ島ランプン州・インドネシア）

インドネシア・スマトラ島南部のランプン湾沿いには、赤錆(あかさび)の目立つトタン塀で囲われて厳重に警戒された広大な敷地が続いている。警備員に見つからないことを願いながら塀の隙間から中を覗くと、内部には水田か釣り堀のような長方形の池状のものがいくつも並んでいる。そこは、エビの養殖池だ。厳重な囲いは、エビが盗まれるのを防ぐとともに、外部からの病原菌の侵入を防止するためのものである。村人が経営している小規模な養殖池は、それほど厳重な囲いはないが、外部資本により経営されている大規模な養殖池では、搬入車両の出入口にタイヤ消毒槽が備えられているほどだ。

年配の人なら記憶していると思うが、かつて日本では、エビは高級食材だった。わが家が別に貧しかったわけでもないが、客に出前されたおこぼれの天丼（エビ天）を年に数回食べることができたかどうか。高度経済成長の時代とはいえ、贅沢をしない限り多くの日本人がそんな感じの生活をしていたと思う。日本でのエビ料理の原料は、ほとんどがトロール漁などによる天然エビだったのだ。一九六〇年代になるとエビも輸入が自由化され、輸入量も増加してきたが、まだまだ値が高く高級食材だった。一方で、トロール漁による根こそぎの天然エビ捕獲は資源の枯渇を招いた。

それに変化が起きたのは一九八〇年代に入ってからだ。エビ養殖技術と冷凍技術の発展により、エビの輸入量は増加してきた。そこに為替の固定相場制から変動相場制への移行に伴う円高が重なり、スーパーなどでは「円高差益還元セール」と銘打って、東南アジアからの輸入ブラックタイガーが安売りされた。それ以来、私たちは安価にエビ料理を食べることができるようになった。丼物のファストフード店では、エビ天が二本も入った天丼を食べることができる。駅の立ち食いソバにも、エビ天が入っている。学生食堂でも、エビフライは定番メニューだ。

しかし、これほどエビが身近になっている陰では、東南アジアのマングローブ林破壊が進んでいる。東南アジアの汽水域に広く分布するマングローブ林内の水域は、養分も豊富でプランクトンも多い。このため、古くからマングローブ林の一部に池を作り、稚エビの養殖が行われてきた。日本などにエビを（地元の人々にとって）高値で売ることができるとなると、少しでも生産量を上げるために養殖池の面積を増やしたいと思うのも人情だ。

こうして、マングローブ林は伐採されて、急速にエビ養殖池に転換されていった。生産効率を上げるために、エビの飼料や病気抑制の薬品などが投入されるようになると、水質汚濁などの問題も生じた。その後、養殖池もコンクリートで覆われ、水中に酸素を送り込むための曝気（ばっき）装置も備えられた集約的な養殖形態に変化していったが、多くの養殖池がかつてのマングローブ域であることには変わりない。ここで養殖されたブラックタイガーなどのエビは、安くて手軽なエビの天ぷらやフライとして、日本の外食産業や家庭の食卓を飾っている。

マングローブ林と私たち日本の生活との関係は、エビだけではない。都市近郊のホームセンターでは、夏休みなどの野外レクリエーションシーズンともなると、バーベキュー用の炭が安売りされる。そのキャンプのバーベキュー用の炭も、焼肉屋やせんべい屋あるいはコーヒー焙煎用の炭も、マングローブから作られ、日本に輸出されているのだ。

マングローブ林は、周辺の地域住民にとっては建築材や薪炭材の供給地、エビ・カニ・

貝類など漁業資源の宝庫であり、樹皮に含まれるタンニンなどは染色や皮なめしなどにも利用され、また防潮林などの役割も果たしている。しかし、一時的な金欲のために、これらの機能は失われている。

私が実施したスマトラ島南部ランプン州東沿岸の住民に対するアンケート調査（二〇一三年）でも、海岸部のマングローブ林の防潮機能は、他の水産物育成や海水浄化、浸食防止などの機能よりも高い評価を得ていたが、薪炭材やエビ養殖池造成などのために伐採されてしまった。地元の小学生などは、津波の軽減効果もあるマングローブ林の再生のため、植林活動を行っている。その子どもたちの笑顔を曇らせないようにするのも、マングローブ林から恩恵を受けている私たちの責任だろう。

†東南アジアのコーヒー栽培

世界的なコーヒーチェーン店の進出などもあり、コーヒーが身近になった日本では、今やコンビニでもワンコインで手軽に飲めるようになった。そのコーヒー豆も、東南アジアの熱帯林と深い関係にある。

コーヒーの起源には、諸説あるようだ。野生のコーヒーは、エチオピア高原あたりが原産だったとか。赤く熟したコーヒーの実は、コーヒーチェリーとも称される。とはいえ、高い含有量のカフェインのため、昆虫は寄り付かないようで、天然の殺虫剤でもある。古代エジプトやギリシャでは、コーヒーチェリーを食用していたとの説もあるらしいが、はっきりしない。生のカフェインを最初に体験したのは、家畜のヤギだったともいう。実際、現在のエチオピア高原でも、ヤギが野生のコーヒーの実を食べてカフェインの快感を味わっているかのような光景が観察される。ヤギが元気になるのを見て、人間もコーヒー豆を食するようになったというのだが、これも推測の一説にすぎないだろう。

時代はだいぶ経って一五世紀後半頃には、イエメンのイスラム教徒（スーフィー教派）が祈禱(きとう)の最中に眠気覚ましでコーヒーを飲用していたともいう。その後、飲用の習慣が世界に広まったコーヒーは、イエメンの港町モカから世界に輸出されていった。これが、モカコーヒーの名の由来だ。

ところで、私たちが一般的に飲用するモカ、キリマンジャロ、ブルーマウンテンなどのコーヒー品種は、すべてアラビカ種で、風味とコクに優れている。一方、近年世界で取引高が伸びているのはカネフォーラ種ロブスタ（一般に、ロブスタ種とも称される）という豆だ。一九世紀後半にヨーロッパの探検隊によってアフリカのウガンダで発見されたといい、先住のブガンダ族は儀式に用いていた。

このロブスタ種は、アラビカ種よりも耐病性が高く、コーヒーのさび病が東南アジアの植民地プランテーションで大流行した後は、アラビカ種にとって代わって盛んに栽培されるようになった。低地でも栽培可能で、収穫量も多いが、カフェインが多く、苦みも強い。このため、単独での飲用よりも、インスタントコーヒーや安いブレンドコーヒー増量用、自動販売機などのコーヒー用として使用されることが多い。

国連食糧農業機関（FAO）国際統計によると、世界のコーヒー豆生産量（二〇一八年）は、ブラジルが一位で、以下、ベトナム、コロンビア、インドネシア、エチオピアと続く。日本のコーヒー生豆輸入量（二〇一八年）も財務省貿易統計によると、ブラジルが断トツだが、次にベトナム、コロンビア、エチオピア、インドネシア、グアテマラと続いている。

高温多湿の低地でも栽培可能なロブスタ種は、わずか一世紀の間にベトナムやインドネシアを世界的なコーヒー生産国に押し上げた。東南アジア産のロブスタ種コーヒー豆は、いまや全世界に輸出されている。特に、ベトナムがブラジルに次ぐコーヒー生産大国となった陰には、ベトナム戦争中に枯葉剤によって大量に木々を枯らした米国が、世界銀行を通じてベトナムに低品質のロブスタ種のコーヒーを再植樹する計画を促進したこともある。

一方で、ウガンダなどの昔からの生産国では、世界的なコーヒーチェーン店の拡大に伴う需要の急増により、価格は高騰するどころか、むしろ安く買いたたかれた。市場にベトナムのロブスタ種があふれ、すべてのコーヒー価格が下落し、大規模農園を除いて、高品質のアラビカ種を生産していた小規模生産者の利益は、極端に低くなったのだ。

こうして、赤道帯のコーヒーベルトと呼ばれる地域に位置し、コーヒー輸出に頼っていた途上国の国々の経済と生産者は壊滅的な影響を受けてしまった。生産者と消費者の間には、多くの業者の経由があり、生産者に渡る利益は少なくなるのだ。そこで、途中の経由業者をできるだけ省き、生産者により多くの利益が直接渡る「フェアトレード」の仕組みも多くの団体などにより試みられている。

†インスタントコーヒーとルアックコーヒー

トラ、サイ、ゾウなどの希少な野生動物が生息し、世界遺産にも登録されているインドネシアのスマトラ島南部にあるブキット・バリサン・スラタン国立公園。密林の奥からトラがこちらを窺(うかが)っている。そんな錯覚さえ抱かせるジャングルをしばらく進むとパッと視界が開けた。国道から五〇メートル以上奥に入ると森林は皆伐され、コーヒー(ロブスタ種)やコショウの違法プランテーションが造成されているのだ。かつての原生林の面影を残す太い切り株もある見渡す限りの伐採跡には、細々としたコーヒーの苗が植えられている。

原生林伐採地のコーヒー植林（スマトラ島ブキット・バリサン・スラタン国立公園・インドネシア）

コーヒーは熱帯地域の植物ではあるが、強い直射日光では葉焼けなどが生じるため、伝統的に高木の下の林床植物として栽培されてきた。この方法であれば、上層木を伐採する必要はない。それでも、鬱閉（うっぺい）した原生林でコーヒーを栽培するにはある程度の樹木の間引きも必要となるが、樹木を選択して伐採するのは手間がかかるし、シェード（緑陰樹）の植栽や後片付けも大変だ。

そこで手っ取り早い方法として、森の木を全て伐採（皆伐）して焼き払い、そこに苗を植えることになる。衛星画像を解析した私たちや欧米研究者の研究結果によれば、一九七〇年代には国立公園のおよそ九割を覆っていた原生林が、二〇〇〇年代にはついに半分以下にまで急激に減少した（第二章3節参照）。そして、二〇一一年には、ついに世界遺産の「危機遺産」として登録されることになってしまった。

こうして造成されたコーヒー・プランテーションで栽培されるロブスタ種は、日射や病害虫にも強く、比較的栽培が容易でもある。コーヒー栽培にとっては劣悪な環境で粗放な管理のため、収量も低く、品質も落ち、違法でもあることから、当然価格も安く買いたたかれる。しかし、違法侵入（エンクローチメント）の地元住民にとっては貴重な現金収入ともなるため、森林伐採が拡大する傾向がある。

これらの三〇万トン以上にものぼる違法栽培コーヒー豆は、合法的なコーヒー豆と混ぜられて世界五〇カ国以上に輸出され、世界的なメーカーのインスタントコーヒーやスーパーで売られているパッケージ入りのブレンドコーヒーなどの原料ともなっている。日本は、米国やドイツなどとともに、このコーヒー豆の輸入大国のひとつだという。

いったん開墾された広大な違法コーヒー栽培地を自然に戻すのは困難だ。しかしこれ以上の拡大は防止しなければならない。国立公園当局は、地元NGOと協力して、国立公園外の国有地に栽培地を誘導したり、地元住民の生計を助けることにより、公園内への侵入を阻止するプログラムを展開している。また、違法コーヒー豆を輸入・使用していると名指しで非難された世界的な大手コーヒーメーカーや商社も、公園外の合法的なコーヒー栽培による持続的な開発への支援を表明している。

国立公園当局による支援事業地のひとつでもあるスカラジャ集落では、野生のジャコウ

ルアックコーヒー。左がコーヒー豆が混じったジャコウネコの糞（スマトラ島スカラジャ集落・インドネシア）

ネコの糞を採取してルアックコーヒーを生産している。世界でも最高値の高級コーヒー豆であるルアックコーヒーは、ハクビシンなどに近いジャコウネコが食べて糞として排泄されたコーヒー豆だ。彼らの消化の過程で微妙な化学反応を起こすらしく、独特の風味のコーヒー豆となる。ジャコウネコの分泌物から取れる香料は、麝香（じゃこう）（ムスク）に似た香りをもち、「シャネルNo.5」にもブレンドされているという。漢方でも霊猫香（れいびょうこう）といい、気を紛らわし、脳を覚醒させる作用があるといわれ、クレオパトラが媚薬として用いたともいう。

　ルアックコーヒーの希少価値も加わり、その値段は通常のコーヒー豆の一〇倍以上、専門店ではカップ一杯が数千円、時には五〇〇〇円以上もする。もともとは野生のジャコウネコの糞を集めていたが、最近では飼育したジャコウネコの糞から生産されたものが多く出回っている。ジャコウネコの糞のほかにも、ゾウの糞から採取したコーヒーもあるという。ここの野生のルアックコーヒーは、その希少性によって飼育されたものより高値になり、住民には高収入となる。それで国立公園内での違法伐採、違法コーヒー・プランテーション拡大がなくなれば、しめたものだ。

映画『最高の人生の見つけ方』(ロブ・ライナー監督、二〇〇七年公開)では、ガン病棟で出会った余命半年の二人が残りの人生でやりたいことをリストアップして実現していく過程で、人との絆などに気付いていく。その中で、ジャック・ニコルソン演じる金持ちの実業家の仕事以外の唯一の楽しみ(いや、女性もあるから唯一ではないかもしれないが)にルアックコーヒーがあった。なにしろ、病室にまでルアックコーヒーの豆とサイホンを持ち込むくらいなのだ。しかし、モーガン・フリーマン演じる勤勉実直な自動車整備工から、それがジャコウネコの糞から作られることを教えられてしまう。至福の時を醸し出す最高級のコーヒー豆がネコの糞と知った時の実業家の胸中やいかに。時には真実を知らないほうが幸せなことは、人生にいくらでもある。しかし目をそむけてはいけない事実も多い。

†ほろ苦いチョコレート

チョコレートの原料がカカオ豆だということはよく知られている。しかし、実際にカカオの実がどのような物か、日本人で見たことのある人は少ないのではないだろうか。二〇～三〇センチメートルほどのラグビーボールのようなカカオの実は、幹から直接垂れ下がったように付いている。幹に直接付いているような実の付き方はジャックフルーツなど熱帯ではよくあるが、日本の果実を見慣れているとちょっと驚く。

実が付いたカカオの木（スマトラ島ランプン州・インドネシア）

カカオの赤黒く熟れた実を割ると、中には白い果肉が二〇～三〇個ほど。ほのかな甘さの果肉を食べた後、種子を捨てないようにと農園主に諭された。カカオ豆とは、この種子のことだ。このわずかな豆が、チョコレートの原料となるから貴重なのだ。

カカオの原産地は中米で、紀元前の古代、アステカ文明やマヤ文明の頃、あるいはその前から栽培されていたようだ。糖質に富んだ果肉とともに発酵したカカオ豆は、露天で乾燥の後に粉砕、焙煎され、トウガラシやバニラなどの香辛料とともに熱湯で混ぜられて晩餐会などの飲み物となったという。少なくとも、マヤ文明が栄えた頃にはカカオ豆からチョコレートが造られていたのは確かなようで、もともとは薬として珍重されていた。そして、貴重なうえ、軽量で耐久性もあるカカオ豆は、交易の際に金の代わりに貨幣としても使用されていたという。

　このチョコレートも、トマトやジャガイモ、カボチャなど多くのラテンアメリカ原産の作物とともにヨーロッパに伝えられた（本章1節参照）。ヨーロッパへの伝播後も、マヤ文明時代と同様に主に飲料として利用されていた。

　現代の日本で目にするようなチョコレートの製造は、オランダのカスパルスとコンラート・Jのバンホーテン（ファン・ハウテン）親子（バンホーテン社創業者）による、脂肪分が少ない粉末チョコレート（ココアパウダー）の製法特許（一八二八年取得）とアルカリ塩を加えて飲みやすくする製法（ダッチプロセス）の開発に始まる。さらに、イギリス人ジョセフ・フライによる固形チョコレート（板チョコ）の発明、スイス人化学者アンリ・ネスレ（ネスレ社創業者）の粉ミルク製法開発とこれを利用したスイス・チョコレート製造業者ダニエル・ペーターのアイデアによる板状ミルクチョコレートの開発などにより、徐々に現代のチョコレートに近づいていった。

　しかし、原料となるカカオは、トマトやジャガイモのようにヨーロッパで栽培されることはなかった。カカオは熱帯性の植物だから不可能だったのだ。ヨーロッパに原料を供給するために、原産地のラテンアメリカには、ヨーロッパ人によるカカオ農園が開かれた。農園といっても、日陰を好むカカオの木の性質から、大規模な開けたプランテーションではなく、里山的な多樹種と混在した栽培が適しているようだ。

その後、ラテンアメリカの農園での病害発生でカカオの生産が落ちると、今度は同じくヨーロッパ諸国の植民地だったアフリカに生産の場が移った。新たな生産地は、アフリカの中でもまだ植民地化の進んでいない中央アフリカや西アフリカが中心で、カカオ農園での労働は奴隷が担った。一九世紀の帝国主義の時代、ヨーロッパ列強による植民地の争奪戦が繰り広げられたが、チョコレートもこの争いに組み込まれていった。

高級チョコレートで有名なベルギーも、アフリカに植民地（コンゴ、ルワンダなど）を獲得して、カカオを入手していた国の一つだ。世界のカカオ豆生産量（二〇一八年）の第一位は、かつて象牙海岸とも称された、フランス領西アフリカだったコートジボワールだ。第二位は、日本でチョコレートの製品名称にも付けられているかつてのイギリス領西アフリカのガーナで、こちらは黄金海岸とも呼ばれた。

ヨーロッパ列強は、二〇世紀に入ってもカカオ生産による利益を求めて、アフリカだけではなく東南アジアなどでも栽培を広げた。インドネシアは、ガーナに次いで世界第三位のカカオ豆生産国となっている。中国やインドなどの経済力向上に伴い、これらの国でのチョコレート消費量も伸び、最近ではベトナムなど新たな地域での良質豆生産が注目されている。

しかし、世界各地で生産が拡大したカカオ豆の価格は、近年では急暴落している。その理由の一つは、ロンドンなどのカカオ市場でグローバル企業や投機家たちが少しでも低価格のカカオ豆を買い付けようとすることによる価格競争だ。また、先進国でのコマーシャリズムによる、チョコレートからキャンディーなど他商品への嗜好変化によるカカオ豆消費量の減少もある。

ガーナのカカオ農家は以前には安定した収入を得られたが、価格暴落により現在では経営できなくなり、首都アクラなどの都会には農村から出てきた職のない人々やストリート・チルドレンがあふれているという。このため最近では、コーヒーの項でも紹介したように、生産地の人々の生活向上や環境保全にも配慮して、原料や製品を適正価格で継続的に買い付けて流通させる「フェアトレード」の仕組みが注目されている。

ところで、バレンタインデーにチョコレートを贈る風習は、日本のチョコレート企業が販売促進のために考案したとの説が有力だ。企業の販促キャンペーンに乗った私たちのために、途上国の人々の生活も翻弄されていると思うと、何やら複雑な思いだ。コマーシャリズムにより、原料の生物資源や生産に携わる人々にしわ寄せがいくのは、いつの世でも常のようだ。

†日本に流入するパームオイル

ボゴール植物園（インドネシア）に移入された西アフリカ原産のアブラヤシ（本章1節参照）は、たった四粒の種子から、現在では緑の雲海のように見渡す限り続くプランテーションとして、東南アジアの各地に広がっている。根元から立ち上がった幹の先には、ゴクラクチョウの尾羽に似た切れ込みの入った葉が空に向けて広がっている。その葉の付け根の大人の頭ほどもある赤黒い塊には、まるで大仏の螺髪（らほつ）のような粒がビッシリと付いている。鶏卵くらいの大きさの螺髪一粒一粒がアブラヤシの果実で、中心の白い種子を黄色の果肉（中果皮）が包んでいる。早朝には、男たちが長い鉄棒で下から突いて果実の塊を落とし、トラックで回収していく。一塊が四〇～五〇キログラムはあるから、頭上よりも高いトラックの荷台に投げ上げるだけでも重労働だ。アブラヤシの果実を満載したトラックは、近くの製油工場に直行する。

最近は健康ブームなどから植物性油脂が評価されているが、世界の植物油生産の三九％、約七五〇〇万トンはパームオイルだ。そのプランテーションは熱帯地域に造成され、インドネシア（四三〇〇万トン）とマレーシア（二一〇〇万トン）で世界のパームオイル生産量の約八五％を占めている（二〇一九年）。

パームオイルの特徴は、収穫量が多く、また熱帯では一年中収穫が可能で、収穫量には天候の影響が少ないことなどがあげられる。これらのことから、価格は植物油の代表であるダイズ油よりも安い。一方で、油脂（原料）の劣化が早く、短時間での処理が必要となるため、精製工場はプランテーション現場に造成される。

アブラヤシ（実）の回収（パソ・マレーシア）

製造されたパームオイルは、約九〇%が食用で、残りが工業用に使用される。食用としては、スナック菓子やインスタントラーメン製造のフライ油、各種の食用油、マーガリン、さらにアイスクリームやクッキーなどのコーティングに使用される。そのほか、洗剤、シャンプー、化粧品など多くの用途がある。最近では地球温暖化への対処から、化石燃料に代わるバイオ燃料（生物資源を原料とする燃料）の原料としての需要も高まっている。

自動車のガソリンに代わる燃料としてのバイオ燃料は、日本では電気自動車や燃料電池車の開発が進んで使用量は伸びていない。それに対して、再生可能エネルギーによる発電として生物資源の燃焼やガス化によるバイオマス発電計画が急増している。バイオマスとは生態学の用語で「生物量」を質量やエネルギー量で数値化したものだが、近年では生物資源の総称としても用いられる。

二〇一一年三月の東日本大震災に伴う東京電力福島第一原発事故以降、事故の危険性も少なく、地球温暖化対策にもなる発電用エネルギーとして、原子力に代わって風力や太陽光などの再生可能エネルギーによる発電が注目を集めるようになった。震災の年の八月には「再生可能エネルギー特別措置法」も成立した。この法律が定める「固定価格買取制度（FIT）」とは、再生可能エネルギーによって発電された電気を、国が定める価格で電力会社に高く買い取ってもらえる仕組みである。このため、一時は太陽光発電が急増し、全国各地の空地には太陽光パネルが立ち並ぶ光景が出現した。

しかしその後、太陽光発電は買取価格が下がり、土地の確保も難しくなった。代わってヨーロッパなどで使用されていたパームオイルによるバイオマス発電が注目されるようになった。FIT認定されたバイオマス発電計画（出力約一三〇〇万キロワット）のうち、パームオイル発電が約五〇〇万キロワットを占める（二〇一七年九月末現在）。

日本での食品製造用のパームオイル輸入に加えて、バイオマス発電のために多くのパームオイルが輸入されればされるほど、現地では熱帯原生林が伐採され、焼き払われて、跡地がアブラヤシのプランテーションとなる変化が繰り返されることになる。一方ノルウェーでは、二〇一七年六月から政府調達のパームオイル利用が禁止され、欧州連合(EU)の欧州議会でもパームオイル利用の段階的禁止を含む決議がなされるなどの取引規制が始まっているという。

地球温暖化防止のためのバイオ燃料といえども、これを燃焼して発電すれば温室効果ガスの排出が増加する。それればかりか、栽培地拡大は、逆に吸収源としての森林減少・劣化を生み出し、オランウータンなど稀少な生物の生息地破壊ともなる。さらに、バイオ燃料生産のため、パームオイルのほか、トウモロコシやダイズ、サトウキビなどの穀物なども利用されている。バイオ燃料の消費増大は、人類にとっても貴重な食糧を奪うことにもなっている。一面からみた正義が、他方では問題となる例のひとつだ。

†地球温暖化と生物多様性

地球温暖化と生物の関係ですぐに思いつくのは、テレビ映像などで繰り返し流される氷山の崩壊によって追いつめられる北極海のシロクマだろう。国内でも、北海道のアポイ岳などの高山植物生育地が温暖化によって後退(標高が上昇)していることや、ナガサキアゲハ、クマゼミなど西南日本に分布していた種が、関東地方にまで北上していることなどが報告されている。ほかにも各地で、もともとは南方産の魚の漁獲が増加しているという。

日本各地のシカの増加は、天敵のニホンオオカミ（北海道ではエゾオオカミ）の絶滅（第三章1節参照）に加えて、温暖化による積雪の減少の影響が大きい。気候変動に関する政府間パネル（ＩＰＣＣ）の報告書（日本版）には、これらの実態や予測が記載されている。日本の「生物多様性国家戦略２０１２‐２０２０」でも、生物多様性の四つの危機のひとつとして、地球温暖化による生物多様性への影響があげられている。

これらの地球温暖化による生物多様性への影響、すなわち矢印の方向でいえば温暖化から生物多様性に向かう関係、のほかに逆の関係もある。温暖化の原因ともなる二酸化炭素の吸収源としての森林などが減少・劣化する、あるいは木材に蓄積されていた二酸化炭素が燃焼によって放出されることによって、温暖化が促進されるものだ。この矢印の向きは、生物多様性から地球温暖化に向かうことになる。

熱帯林の保全は、生物多様性の保全上重要なだけではなく、地球温暖化防止の観点からも注目されている。世界最大のアマゾンの熱帯林は、生物多様性の宝庫であるばかりでなく「地球の肺」ともいわれ、二酸化炭素の吸収と酸素の供給で世界の生命を支えている。

しかし、農地造成など開発のための伐採と火入れの森林火災のため、急速に面積は減少している。東南アジアの熱帯林も同様で、そのバイオマスは大きいにもかかわらず、年間森林減少率も大きいため、消失した森林からの面積あたりの炭素排出量も高くなる。

また、IPCCによると、一九九〇年代の森林減少による炭素排出量は年間五・八ギガトンで地球全体の排出量の二〇%を占め、三番目に大きな排出源であることから、地球温暖化防止のための炭素排出量の減少のためには森林減少の抑止が効果的であるという。さらに、森林減少・劣化の多くは、主として途上国に位置する熱帯林であり、この熱帯林における森林減少・劣化の抑止により炭素排出量が半減するという試算もある。

これまでの多くの研究成果は、この熱帯林の減少・劣化の抑止に重要な役割を担っているのは国立公園などの保護地域であることを示している。実際、世界の陸上炭素の一二〜一五%は保護地域に蓄積されていることから、IPCCでも保護地域による森林の減少・劣化抑止に期待しており、多くの国々がそれぞれの温暖化防止行動計画に保護地域を組み込んでいる。

地球環境問題と称される諸問題の中で、現在のところ世界の最大の関心事は地球温暖化だ。二〇一九年九月には、アントニオ・グテーレス事務総長の呼びかけで国連総会に先立ち「国連気候行動サミット」が開催され、世界中の首脳たちが参加した。この地球温暖化も、生物多様性と密接な関係があるのだ。しかし、内閣府世論調査などの結果によれば、

伐採焼き払い（ジャワ島西ジャワ州ニルマラ・インドネシア）

「地球温暖化」に比して「生物多様性」を知っている、あるいは関心がある割合は低い（第三章2節参照）。生物多様性を専門分野とする私としては少々歯がゆいところがある。本書も、生物多様性が少しでも多くの方々に理解されることを願って執筆している。

†熱帯林の消失

インドネシアでは、アブラヤシ、ゴム、茶、コーヒーなどのプランテーション造成のために原生林が伐採されている。伐採された樹木は造成に邪魔であり、手っ取り早く処分するためにその場で火入れされて焼却される。また、その火は予定外の森林にまで拡大し、森林火災を招くことがある。特に私がJICAプロジェクトで滞在していた一九九〇年代後半は、エルニーニョ現象による乾燥化のため、スマトラ島、カリマンタン島（ボルネオ島）などで大規模の森林火災が多発した。その煙は空を覆って航空機の運航に支障を与え、車は昼間でもヘッドランプを使用せざるを得ないなど、隣国のシンガポールなどにまで煙害（ヘイズ）をもたらした。

生物多様性の宝庫であり、地球温暖化防止の観点から地球の肺とも称される熱帯林は、特に二〇世紀以降、急速に破壊されている。第二次世界大戦後、日本は戦後復興や高度経済成長などに伴う建築ブームに沸いた。その建材や合板として、一般にラワンと呼ばれている熱帯の木材が大量に輸入された。その輸入先は、一九五〇年代後半から八〇年代初頭はフィリピンやインドネシア、その後はマレーシアのサバ州やサラワク州（ともにボルネオ島）と、資源の枯渇とともに移っていった。

地球環境問題が話題となり始めた一九七〇年代には、もっぱら地域住民による焼き畑を熱帯林破壊の元凶とする論調が多かったが、実態は日本を含めた先進国の産業や生活のための熱帯林伐採でもあった。現在でも、日本はコンクリート型枠として熱帯材を輸入しており、二〇二〇東京オリンピック・パラリンピックの競技会場や関連施設建設現場では大量に使用されている。

一方、近年では、アブラヤシのプランテーションなどの拡大による熱帯林伐採を問題視することが多い。アブラヤシのほかにも様々な農作物のプランテーション造成のために、東南アジア各地で熱帯林が伐採され、焼き払われている。全世界では、二〇〇〇年から二〇一〇年の間に一三万平方キロもの森林が減少し、東南アジアでも熱帯林が急速に減少している。

生物の生息環境も年々悪化し、特に熱帯地域での生息数は一九七〇年から二〇〇六年の間に五九％も減少した。南・東南アジア地域では、一九九〇年代に比較すれば森林の減少率は鈍化したとはいえ、二〇〇〇～一〇年では毎年平均六八万ヘクタールの減少が続いている。

熱帯林の消滅は、そこに生息しているゾウやオランウータンなど野生生物の消滅にもつながる。熱帯林の消失によって餌場を奪われた野生ゾウが集落の畑や住居を襲う事件も頻発している。そして有害獣駆除の名の下、射殺されたり、毒餌で殺されたりするゾウも増加している。また、オランウータンは、ペットとして日本に密輸入もされている。しかし、こうした熱帯林破壊の現状は、マスコミなどで報じられることは必ずしも多くはない。

先進国の生活と生産地（途上国）の間の情報分断は、破壊や影響の実態を見えにくくしている。私たちの何気ない日々の生活が、知らぬうちに遠く離れた東南アジアの自然破壊の原因にもなっていることを思い起こす必要がある。

3　先進国・グローバル企業と途上国の対立

先住民の知恵とバイオテクノロジー

コロンブスよりもかなり前から、ヨーロッパ人はアジア地域などの先住民の植物利用を観察し、そこから大きな利益を得てきた。すでに紀元前五世紀には、古代ギリシャ人はシナニッケイやシナモンなどの香辛料を東洋から輸入していた。食料品や薬品となる植物は、ヨーロッパ人によって発見されたわけではなく、すでに先住民によって利用法や知識が確立されていたもので、ひとりのシャーマン（祈禱師）が一〇〇種以上の薬用種の知識を持ち、利用していたと考えられている。

ジャムウ売りの女性（スマトラ島ランプン州・インドネシア）

日本では「漢方薬」と呼ばれる生物由来の生薬は、現代医学でも使用され、多くの人になじみがある。インドネシアでも、植物の実などを原料とした「ジャムウ」という民間伝承薬の何本ものビンを入れた籠を背負ったろうけつ染め（バティック）の腰巻（サルン／サロン）姿の女性を見かける。医薬品としての植物や生薬、あるいはその抽出物には人類誕生以来の長い歴史がある。しかし、そこから単離精製された天然化合物が医薬品として登場するのは一八～一九世紀に入ってからである。

マラリアの解熱剤として有名なキニーネは、南米インカで先住民が使用していたキナ樹皮に由来する。イエズス会士たちは、熱病の治療のためにアンデスの先住民からキナ樹皮を手に入れた。その後イギリスは、キナを手に入れるためにプラントハンターを派遣した。キナの若木と種子は、一九世紀半ばにペルーから密輸され、イギリスの王立キュー植物園を経てインド各地のプランテーションで栽培された（本章1節参照）。こうして、キニーネの安定供給は、植民地でのヨーロッパ兵士保護に役立ち、ヨーロッパ諸国による帝国主義的な拡張、特にアフリカの分割に不可欠なものとなった。

途上国人口の八〇％、三〇億人以上の健康を担っている伝統的薬品（生薬）はもちろんのこと、薬品に使用されている多くの化学物質が野生生物から抽出された活性物質に由来している。キニーネ、カフェイン、モルヒネ、エフェドリンなど主要な一一九の医薬品化学物質のうち七四％は伝統的に薬品利用されてきた植物由来である。

ピンクの花をつけるマダガスカルのニチニチソウから抽出されるビンクリスチンとビンブラスチンという二種類のアルカロイドは、細胞分裂の紡錘体（ぼうすいたい）を破壊し、それによってガン細胞の分裂も抑える。このニチニチソウから抽出された小児白血病などの治療に有効なアルカロイド成分の薬品は、年間一億六〇〇〇〜一億八〇〇〇万米ドルの収益をもたらす。このほか、セイヨウイチイの木からは、卵巣ガンや乳ガンの薬となるタキソール（パクリタキセル）が発見されているし、サメの体内組織からはバクテリアなどを殺す作用のあるアクアラミンが発見されている。私たちの健康は伝統的な生物資源とバイオテクノロジーに支えられているのだ。

†グローバル企業と生物帝国主義

ガンなどの病気に効く医薬品だけではなく、殺虫剤や美容効果のある医薬品の開発でも、先住民などの「伝統的生態学的知識（TEK／Traditional Ecological Knowledge）」は活かされている。ニーム（インドセンダン）は、インド古典医学書のアーユルヴェーダにも記載されている樹木で、灯油や殺虫剤、その他の抗菌剤などとして、数千年にもわたって人々に利用されてきた。

しかし、一九八五年に米国大手化学会社グレース社と米国農務省が抽出法の特許を取得したのを皮切りに、生物由来で化学的に安定しているニームをベースにした溶液や乳剤などの調合法が、米国や日本の企業によって特許化された。世界中で人工化学物質の農薬使用への批判が高まる中、ニームオイルは生物農薬として認可され、有機農法の一環として広く利用されている。

インド国内でも、ニームをベースにした殺虫剤、医薬品、化粧品、歯磨き剤などが出回るようになったが、同時にインドのニーム製品製造業者によるこれまでの自由な利用は制限されるようになった。このグレース社などグローバル企業が所有する米国特許庁と欧州特許庁の特許に対して世界的な反対キャンペーンが起こり、ニーム特許は欧州特許庁での再審の結果、新規性や発明性などに欠けるとして二〇〇五年三月八日に特許無効が確定した。

南アフリカのカラハリ砂漠周辺に生活する狩猟民サン族は、近年のDNA解析研究の結果、現生人類の中でも最古に枝分かれした民族と考えられている。そのサン族は、何千年も前から長期の狩猟に出かけるときにはフーディアという多肉植物を携行した。このフーディアは、サボテンに似たガガイモ科の植物で、これを食べると飢えをしのいで狩りを続けることができた。フーディアに含まれる食欲抑制成分「P57」からは、肥満防止の美容薬の開発・製品化が進められた。

このフーディアから発見された食欲抑制作用を持つP57は、南アフリカ科学産業研究評議会（CSIR）が一九九五年に特許を取得し、一九九七年には英国の製薬会社ファイトファーム社にライセンスが供与された。その後、グローバル企業の製薬会社ファイザー社と食品会社ユニリーバ社にもライセンス供与された。しかしこの過程で、サン族の伝統的知識に対しては対価が支払われていないことが問題になり、二〇〇二年にCSIRとサン族の間でP57の利用による利益配分に関する覚書が締結された。

これは、最古の人類の知恵が、近代の企業や国家によって強奪されそうになった事例でもある。そしてまた、五〇〇〇年以上前から繰り返されてきた構図でもあった。インドの女性科学者ヴァンダナ・シヴァなどは、新薬製造などのための生物資源探査（バイオプロスペクティング）やバイオテクノロジーなどにより、先進国やグローバル企業などが途上国の生物多様性を搾取・支配することを、先進国による途上国（生物資源の原産国）に対する新たな侵略行為、すなわちバイオパイラシーだと主張している。

つまり、先進国のグローバル企業などは、途上国住民の永年の伝統的生活により保全・利用されてきた豊かな生物資源（生物多様性）を利用し、バイオテクノロジーにより医薬品や食料など商品開発をして莫大な利益を上げている。それにもかかわらず、途上国にはその利益の公平な配分・還元や技術移転などがなく、生物資源の盗賊行為に等しいという。このような先進国などの姿勢は、大航海時代に続く植民地拡大の「帝国主義」になぞらえて、「生物帝国主義」などとも呼ばれている。

†搾取か利益還元か

先進国・グローバル企業による生物資源の独占的利用（搾取）と、これによる莫大な利益獲得に対して、途上国が抵抗の声を上げ始めたのはニームやフーディアのような伝統的な生物資源の例だけではない。

二〇〇四年以来アジア、アフリカ、中東、ヨーロッパにまたがって発生した高病原性鳥インフルエンザ（H5N1型）は、家禽・野鳥だけではなくヒトへの感染も二〇〇六年一一月時点で、一〇カ国二五八例が報告されていた。中でもインドネシアは、感染者数・死亡者数とも世界で最多の国だった。

感染防止のためには、病原体ウイルスからのワクチン開発が必要だ。世界保健機関（WHO）は、インドネシアの検体から分離したウイルスを基にワクチンを作成し、感染拡大を食い止めようとした。しかし、ウイルス検体の提供を要請されたインドネシア政府は、検体のWHOへの提供を拒否した（二〇〇七年二月）。その主な理由は、生物資源の原産国と同様、国内で発生分離されたウイルス検体は、インドネシアにその主権的権利があるというものだ。また、そのウイルス検体から開発されたワクチンは、主に先進国の国民に投与され、購入資金のない途上国流行地への供給は後回しにされかねず、しかも利潤を得るのはグローバル製薬会社だというものだ。こうした先進国と途上国の対立は、ワクチン開発を遅らせ、結局は感染を広めることになる。

一方で、近年ではグローバル企業による生物資源の搾取ではなく、利益の一部を原産国に還元する方策も模索されている。その先例として有名なものに、グローバルな製薬企業メルク社とコスタリカ生物多様性研究所（ＩＮＢｉｏ）との協定がある（第四章2節参照）。ブラジルでは、同じくグローバル企業の製薬会社グラクソ・ウエルカム社（現、グラクソ・スミスクライン社）と小規模なバイオテクノロジー企業との間で、一九九九年に三二〇万ドルで結ばれた契約がある。これは、ブラジル国内で採取される植物、カビ、バクテリアなどに由来する三万種の化学物質を調査し、製薬開発に成功した場合にはその特許から得られる利益の四分の一を地元住民による環境保全、保健、教育の事業支援とすることに合意したものだ。

このような自然界の生物資源を医薬品や農業関連商品などに利用するための生物資源探査は、近年ますます盛んになってきた。現在でも、プラントハンターあるいはメディシン・クエストと呼ばれる多くの人々が密林の奥深くで新薬の原料を探索し、ガンなどの特効薬もこうして発見され、商品化されつつある。

技術が発達するにつれ、新薬の供給源としての生物多様性の有用性は減るどころか逆に高まっていくとも考えられている。近代科学の申し子のような医薬品も、その情報を提供してくれるのは皮肉にも未開の人々といわれる先住民族たちなのだ。

†農業革命と緑の革命

およそ三〇〇万年前にアフリカ大陸の森の奥深くに住んで果実や昆虫などを食べていた小型のアウストラロピテクスから進化したとされる私たち現生人類（ホモ・サピエンス）は、およそ二〇万年前に誕生したという。しかし、誕生したばかりの人類は、食料を求めて狩猟や採取のために広大なアフリカ大地を歩き続けなければならなかったにちがいない。各種の研究成果によれば、人類誕生以来の歴史の大半の時期、人類は狩猟採集社会に属し、無制限に食料を得られたことはほとんどなかったという。

そうした生活の中で、同じ植物が毎年決まった場所に生えてきて、さらにゴミの中の果実の種から芽が出ることなどを知り、およそ一万年前に農耕が始まったとされる。しかし、米国の進化生物学者ジャレド・ダイアモンドによれば、人類が農業を「発見した」とか「発明した」とかいうのは事実ではないという（『銃・病原菌・鉄』）。さらにイスラエルの歴史学者ユヴァル・ノア・ハラリによれば、人類が小麦などを栽培化したのではなく、逆に人類が小麦などの世話をさせられ、家畜化された。つまり、植物の生き残りのために、人類が利用されたのだともいう（『サピエンス全史』柴田裕之訳、河出書房新社）。

いずれにしろ、人類は有利な形質をもつ動植物の個体を選択して繁殖させ、有利な形質をもつ個体や種間での交配までも行うようになっていった。野生種の栽培化、品種改良により、私たちが摂取するカロリーの九割以上は、私たちの先祖が紀元前九五〇〇年から紀元前三五〇〇年にかけて栽培化した、ほんの一握りの植物、すなわち小麦、稲、トウモロコシ、ジャガイモ、キビ、大麦に由来する。こうして私たち人類は、一万年前の人類史上で画期的な農業の開始（農業革命）により、飢餓を克服する道程に踏み込んだのだ。

しかし、二〇世紀の第二次世界大戦後でも、東南アジア各国をはじめ世界では食糧不足に悩まされ、飢餓が蔓延していた。大戦後の日本も、途上国といわれる国々と同様に大変な食糧不足だった。その日本にやってきた連合国軍司令長官ダグラス・マッカーサーの進駐軍の中に、米国農務省天然資源局のコムギ専門家サミュエル・セシル・サーモンがいた。

サーモンは日本で一六種類のコムギを収集したが、その中に「農林10号」という丈の低い短稈種（たんかんしゅ）の品種もあった。サーモンによって米国に送られたこれらの種子は、その後ワシントン農業試験場のO・ヴォーゲルの手を経て、メキシコ農務省とロックフェラー財団の共同農業計画に参加していたノーマン・ボーローグが入手することになった。これにより、化学肥料を与えて二倍以上も収量が多くなっても倒れない短稈の新品種コムギが誕生した。

ロックフェラー財団の支援により、コムギのほかにもコメ、トウモロコシなどの高収量品種が誕生し、一九六〇年代から八〇年代に発展途上国では生産量が飛躍的に増大し、飢餓も克服されたかにみえた。米国の国際開発庁長官ウィリアム・ゴードは、この記録的な収穫量改善を「緑の革命」と名付けた（一九六八年）。この緑の革命を主導したノーマン・ボーローグ博士は、一九七〇年のノーベル平和賞も受賞した。

世界銀行や各国の援助機関などに支援された途上国では、夢の高収量品種に改良されたコメやコムギ、トウモロコシなどを競って作付けしたが、同じ形質の作物を栽培するモノカルチャー（単一耕作）のために、ひとたび病虫害が発生すると作付けは全滅した。また、収穫量増大のためと、矮性（わいせい）品種が日光をめぐって雑草に負けないようにするためには、大量の化学肥料や除草剤などの使用が必要となった。しかし同時に、これらによる土壌劣化も引き起こし、以前よりもかえって飢饉が激しくなった。

それだけではない。化学肥料の大量投入、灌漑（かんがい）施設の整備などによる農民の経済的負担は、伝統的な途上国の農民を資本主義的市場経済に巻き込み、さらに後述のバイオテクノロジーの発展により、多国籍アグリビジネス企業に巨大な市場を提供することにもなった。

†品種改良と遺伝子組換え

台湾の観賞魚販売業者タイコン社は、二〇〇一年にメダカに発光クラゲの緑色蛍光タンパク質遺伝子を組み込んで、全身が蛍光色を帯びる「エメラルドフィッシュ」を生み出した。この光るメダカは日本にも輸入され、販売されていたが、現在では「カルタヘナ法」により禁止されている。日本でも、発光クラゲの蛍光タンパク質の遺伝子をカイコに組み込んだ「光る絹糸」が、一九九九年に京都工芸繊維大学で開発された。農業生物資源研究所（現、農業・食品産業技術総合研究機構）ではクラゲのほかにサンゴの赤色やオレンジ色の蛍光タンパク質遺伝子を組み込むなど、様々な絹糸を開発している。

また、世界中の愛好家によって永年にわたり品種改良が重ねられてきた園芸植物バラでも、遺伝子組換え技術で自然界には存在しない青色のバラがサントリー社（日本）によって開発されている。それまで、「青いバラ」は英語で、不可能なこと（存在しないもの）を意味するほどだった。研究者は、青色の色素をもった植物の中から青色遺伝子（アントシアニン色素の中のデルフィニジン成分）を取り出して、バラに導入することにした。最初はペチュニアの青色遺伝子を導入したが、残念ながら花は赤色や黒ずんだ赤色。その後も、パンジーから得た青色遺伝子導入など試行錯誤を繰り返し、二〇〇四年にやっと「青いバラ」の開発に成功した。一九九〇年のプロジェクト開始から実に一五年近くの歳月を要したことになる。開発の過程では、青いバラよりも一足早く青いカーネーションの誕生に成功した。「ムーンダスト」と名付けられた青色カーネーションは、世界で最初の遺伝子組換えによる花卉（かき）の商業化となった。

緑の革命の基ともなった伝統的な「品種改良」は、人間にとって優良な形質をもつ個体を選択的に繁殖・増殖させたり、あるいは優良な形質をもつ個体や種間で交配させたりして、新たな品種を得るものである。一万年前の農業の開始、そして二〇世紀の緑の革命は、人類が自然を征服しようとするもの（第三章2節参照）ともいえるが、それでもまだ伝統的な品種改良は、授粉や授精など自然の摂理の範囲内での活動だった。

これに対して、「遺伝子組換え」は、遺伝情報を伝えるDNA内から人間が利用できる遺伝子を取り出して、全く別の生物のDNAに組み込む技術だ。伝統的な（＝狭義の）品種改良がいわば自然の摂理に則ったものであるとすれば、近代的な（＝広義の）品種改良技術である遺伝子組換えは、自然界では起こりえない生物種の生産をも可能にするものであり、人間が神の領域に踏み込んだとする向きもあった。

最初の遺伝子組換え商品は医薬品の合成インスリンだというが、伝統的に品種改良が行われていた農業分野でも、遺伝子組換え作物（GM作物）が早速登場した。一九九四年に米国で最初のGM作物として市場に出たのは、「フレイバー・セーバー」と名付けられた日持ちの良いトマトだった。

　また、農民の大敵である害虫に対して、殺虫剤を用いる必要のないＧＭ作物も登場した。土壌細菌のバチルス・チューリンゲンシス（Ｂｔ）を食べた昆虫が突然死するのに気づいたのは日本の科学者石渡繁胤（いしわたしげたね）だったが、一九三〇年代にはフランスで殺虫剤として商品化された。その後、一九九〇年代にはバイオテクノロジーの発展により、Ｂｔを組み込んだＢｔトウモロコシやＢｔ綿が栽培されるようになった。ＤＤＴなどの農薬使用を激減させるＢｔトウモロコシ、Ｂｔ綿、さらにＢｔジャガイモなどの作付面積は急速に拡大した。

　農民にとってのもう一つの敵、雑草に対してもＧＭ作物が一役買っている。除草剤の効き目を高めるほど、肝心の作物にまで影響が出てしまう。そこで、米国のグローバル化学企業モンサント社（二〇一八年にバイエル社が買収）は、強力な除草剤ラウンドアップ（成分名グリホサート）を開発した。これは、農作物の大敵である雑草対策の除草剤開発において、雑草だけを枯らしてしまう選択性の除草剤開発が困難なため、すべての植物を枯らす強力な除草剤を開発し、この除草剤の影響を受けない遺伝子を改変した除草剤耐性農作物品種とセットにして販売して利益を得ようとするビジネスモデルの一種でもある。

　このモンサント社が特許を持つラウンドアップ（除草剤）耐性作物は、世界的な農業従事者の減少などを受けて、トウモロコシ、コムギ、米、ダイズ、綿花、ナタネ、ジャガイモなど多品種に及び、作付面積も世界中で広がっている。このほかにも、多くの食料品や医薬品などが、自然界の生物資源を基にバイオテクノロジー技術で生産されている。

日本にもトウモロコシ、ダイズ、綿花、ナタネ、ジャガイモなど八種類三二〇品種におよぶ大量のGM作物が輸入され、流通が認可されている（二〇一九年八月現在）。輸入主要穀物の半分以上がGM作物と考えられ、この大半は、家畜飼料や表示義務のない食品加工用原料に使用されている。また、日本では五％以下のGM作物混入であればGM作物の表示義務はなく、「遺伝子組換えでない」と表示することも可能だ。これが、二〇二三年四月（完全実施）からは、「遺伝子組換えでない」と表示できるのは「不検出」の場合のみとなる。

†バイオテクノロジー企業の一極支配

これらのGM作物開発などに多額の研究資金を投入してきたバイオテクノロジー企業は、遺伝子と遺伝子組換え作物の利用を支配することによって、投資への見返りを確保しようとしている。前述の除草剤ラウンドアップと耐性作物をセットで購入させる販売戦略もその一つだ。また、企業が開発した特許権のある種子を用いて農作物を栽培している農家は、新たな種子の購入はもちろん、収穫作物からの自家用種子保存でも、特許使用料を支払わなければならない。

さらに、これらの企業は、自分の特許を守るために、開発品種の子孫が種子をつけられないようにする「ターミネーター遺伝子」を開発して、開発品種に組み込むまでになっている。この結果、農民は毎年種子会社から種子を買うことを余儀なくされる。それだけではない。ターミネーター作物の生態系への漏出により、種子植物に種子のつかない不稔性が徐々に広がれば、生態系そのものの滅亡の恐れもあることが指摘されている。

遺伝子組換えだけではなく、最近では特定のゲノムDNA領域を切断して編集する「ゲノム編集」技術も実用化されている。二〇二〇年のノーベル化学賞は、この技術を開発した二人の女性科学者ジェニファー・ダウドナとエマニュエル・シャルパンティエに贈られた。ゲノム編集は、遺伝病などでの効果が期待されているが、倫理面での課題も指摘される。農作物でも、ゲノム編集によって品種改良されたダイズから採取した、飽和脂肪酸の含有量が少なくトランス脂肪酸が含まれないダイズ油の流通が米国で始まった。さらに、腐りにくいトマトや筋肉量が増加したタイ（マッスルマダイ）、芽に毒のないジャガイモなどが市場化を待っている。

米国の農務省（USDA）と食品医薬品局（FDA）は、伝統的な品種改良・育種によっても開発できるゲノム編集作物は規制しないとの考えだ。日本の厚生労働省でも、ゲノム編集食品は外部から加えた遺伝子が残っておらず、加えた変化は自然界でも起こりうるものであることから、安全性審査の対象外とすることとし、二〇一九年一〇月一日から販売が解禁された。一方、欧州連合（EU）では、ゲノム編集作物も従来のGM作物と同様に規制対象とすべきとの判断が、欧州司法裁判所から出されている（二〇一八年七月）。

近代科学の成果であるバイオテクノロジーによるGM作物の開発は、殺虫剤や除草剤の使用量を減少させたという。一方で、食品安全性など健康影響だけではなく、ターミネーター種子その他の遺伝子組換え生物やゲノム編集によって復活したマンモスなどの絶滅生物の自然界への放出による野生種との交配、あるいはBt耐性昆虫や除草剤耐性種（雑草）の出現など、生態系への影響も懸念されている。

それだけではない。先進国の知的財産権による途上国の搾取・支配なども指摘されている。こうした米国本拠のグローバル企業とその要請を受けた米国による一極支配は、「多様性」とは逆の構造といえないだろうか。

科学的議論は続いているものの、農薬グリホサートによる発がん性など健康影響が懸念されている。このため世界各国で規制の動きが広がる一方で、日本では逆に二〇一七年には農薬残留基準値が緩和されている。

日本では、第二次世界大戦後の食糧難の時代に、食糧増産を目的とした「主要農作物種子法（種子法）」が制定された（一九五二年）。主食の米、麦、大豆の種子の優良品種決定試験や農家に供給する栽培用種子の「原種」生産などを都道府県に義務付けた種子法であったが、二〇一八年に廃止された。これにより、都道府県が種子の生産と普及に責任を負い、安定して安価な種子が供給される体制の根拠が失われたと指摘されている。生物多様性の観点からも、グローバル経済の中での農業施策の変化に注視していく必要があるだろう。

途上国と先進国の攻防

生物資源は医薬品、食料、あるいは木材、衣料などの原材料を人類に提供している。この生物資源をめぐって、これまでみてきたとおり、大航海時代以降欧米などを中心とした世界の国々は争ってきた。現在でも、国境を越えたグローバル企業も巻き込んで争っている。もちろん、大航海時代やその後の植民地、帝国主義の時代のように、武力を使用するわけではない。争いの場所は、「生物多様性条約」の制定など国際的な環境政策を協議する場である。

生物多様性条約は、絶滅危惧種の生息地保全など生物多様性保全と野生遺伝資源の保全のための条約作成が国際会議などで決議されたことから始まった。当初は各分野の既存条約を包括する枠組み条約（アンブレラ条約）として検討開始されたが、次第に内容は広範になり、生物種や生態系の保全（第三章2節参照）のほか、生物資源の持続可能な利用、遺伝資源やバイオテクノロジーを含む関連技術へのアクセスとこれらの技術からもたらされた利益の還元・配分（ABS／Access and Benefit-Sharing）、遺伝子組換え生物の取り扱いなどが含まれることとなった。これは、条約交渉過程での先進国と途上国との対立、いわゆる南北問題が生じた結果である。

すなわち、途上国は、発展を犠牲にして生物資源を保全してきたのは自分たちで、その資源を利用してきた先進国やグローバル企業は、利用のための技術やそこから生じる利益を資源の原産国である途上国に還元すべきとし、利益をむさぼる企業の行為をバイオパイラシーと非難している。こうして、条約に生物資源原産国としての途上国の権利認識、先進国が生物資源の活用により獲得した利益および技術の途上国への還元・移転などを盛り込むよう主張した。

これに対して、農産物改良や新薬発見のために新たな生物資源を探査・利用したいグローバル企業などの意向も受けた先進国は、無制限の技術移転やその際の特許侵害などに懸念を示し、知的財産権の確保などを主張した。

途上国は、世界銀行などが管理している「地球環境ファシリティ（GEF）」の運営が、先進国によって主導されているとの不満を持っている。このため、新たな資金援助メカニズムの創設を要求した。これに対して、先進国は援助支出額高騰の懸念から従来どおりGEFでの対応を主張した。

条約作成過程では、世界的な生物多様性保全のために重要な地域・種（危機に瀕している地域・種）をリストアップ（グローバルリスト）して条約に位置付けることも提案されたが、内政干渉で開発規制に繋がるとの懸念を持つ途上国などの反対で見送られた。

国数で勝る途上国グループの抵抗から、条約交渉は暗礁に乗り上げたかに見えた。しかし、一九九二年六月にリオ・デ・ジャネイロ（ブラジル）で開催予定の「国連環境開発会議（地球サミット）」までに交渉をまとめ上げないと条約の成立は危ういとの焦りは、条約交渉参加国の共通の認識だった。地球サミットに間に合うよう作成を目指した条約では、作成過程においての先進国と途上国との完全なる合意は先送りにされた。

この結果、多くの条文に「可能な限り、かつ、適当な場合には」との但し書きが随所に挿入されて拘束力が弱まるなど（ということは、「可能でなく、あるいは適当と判断されない場合には」必要ない?）、いわば先進国と途上国との妥協の産物ともいえる条約案が作成された。最終的に条約の目的は、生物多様性の保全、生物多様性構成要素（すなわち生物資源）の持続可能な利用、そして遺伝資源の利用から生ずる利益の公正で衡平な配分の三本柱として合意された。

こうして各国の合意を得た条約は、地球サミット直前の第七回条約交渉会議（一九九二年五月）での採択を経て、地球サミットでの署名開放期間最終日までに一五七カ国の署名を得た。条約が生物資源の原産国である途上国の権利・利益保護を鮮明にしていることもあり、多くの途上国やこれを支持するカナダや北欧諸国などの先進国での批准は早く、この結果、一九九三年一二月に条約は発効した。二〇二〇年三月現在で、一九六カ国・地域が批准している。

日本も地球サミットで署名し、一九九三年に批准した。この批准に際しては、新たな国内法の制定なども検討されたが、迅速な批准作業を進める必要もあり、自然環境保全法、自然公園法、森林法などの既存法制度で対応することとなった。批准の段階では新たな国内法は制定されなかったものの、当時制定が進みつつあった「環境基本法」（一九九三年）第一四条に「生物の多様性の確保」の文言が挿入され、「生物多様性」が初めて日本の法律で明文化されることとなった（その後、二〇〇八年になって「生物多様性基本法」が制定された）。

一方、条約作成の過程で中心になってきた米国ブッシュ（父）政権は、資金援助への歯止め、技術移転の際の知的財産権確保などの観点から議会、産業界等の合意が得られないため地球サミット期間中の署名はできなかった。次のクリントン政権になってから署名開放期間末の一九九三年六月に署名にはこぎつけたものの、未だ条約締結までには至っていない。ここにも、地球温暖化防止のための「京都議定書」や「パリ協定」からの離脱と同様、いやそれ以上に米国の一国至上主義（最近の言葉でいえば「アメリカ第一主義」）が見え隠れする。

†生物多様性条約

先進国と途上国の対立の末、妥協の産物として成立した「生物の多様性に関する条約（生物多様性条約）」（一九九二年）は、その前文において、生物多様性は幅広い価値を有し、進化および生物圏における生命保持機構の維持上も重要であることを認識すべきであり、さらに、生物多様性保全のための基本的要件は、生態系および自然の生息地の生息域内保全ならびに存続可能な種の個体群の自然生息環境における維持および回復であるとしている。そして、現在および将来の世代のため生物多様性を保全し持続可能に利用することは、究極的に諸国間の友好関係を強化し、人類の平和に貢献するとしている。

その上で条約は、生物多様性の保全、その構成要素の持続可能な利用および遺伝資源の利用から生ずる利益の公正かつ衡平な配分の実現を目的としている。多様性の確保とその持続可能な利用のための、国家戦略策定や各種計画・政策への組み込み、モニタリング、保全、研究、教育啓発、環境影響評価などのほか、天然資源の主権、技術移転、情報交換、科学・技術上の協力、バイオテクノロジーの扱いと利益の配分、資金供与などの枠組み、さらには伝統的地域社会の知識・慣行尊重等の配慮事項を示している。

条約における「生物多様性」とは、すべての生物（陸上生態系、海洋その他の水界生態系、これらが複合した生態系その他の生息または生育の場のいかんを問わない）の間の変異性であり、種内の多様性、種間の多様性および生態系の多様性を含むもの、すなわち、「遺伝子」「種」「生態系」各レベルのものである。

保全に関しては、「生息域内保全」と「生息域外保全」の枠組みを示している。生息域内保全は、自然状態で多様性を保全することであり、保護地域の指定・管理、生態系の修復・復元、種の回復、遺伝子組換え生物の管理、外来種導入の制御、これらのための法制度整備等が必要となる。また、生息域外保全は、人間の管理下などで多様性を保全することで、動植物園などでの保全、さらに種子・卵精子およびＤＮＡ遺伝子レベルでの保存などといったジーンバンクでの保全が含まれ、域外保全・研究のための施設整備、種の回復と生息地への再導入等がある。

なお、条約の対象となる生物は野生動植物だけではない。品種改良作物の農耕地（生息域内）での保全およびシード（種子）バンク（生息域外）での保全なども含んでいる。

条約交渉で途上国と先進国の争点となったいくつかの事項も、前述のとおり条約本文に盛り込まれることとなった。対立事項のひとつ、「遺伝資源へのアクセスとその利用から生じる利益の公正・衡平な配分（ABS／Access and Benefit-Sharing）」は、条約の目的に位置づけられた。さらには、途上国など「原産国」の権利や遺伝資源取得の機会、バイオテクノロジーを含む技術移転、バイオテクノロジーの取り扱いと利益配分、先進国から途上国への資金援助などの項目が盛り込まれた。

しかし一方で条文は、遺伝資源取得への条件整備の努力やバイオテクノロジーによる改変生物（遺伝子組換え生物）の扱いのための議定書の必要性検討など、努力目標や検討課題を示すにとどまり、実施に際してはさらなる締約国の協議が必要とされた。

条約は成立したものの、多くの対立的事項が積み残しの課題となったままだった。これらの課題を継続して話し合うのが、「条約締約国会議（COP／Conference of the Parties）」だ。「国連気候変動枠組条約（地球温暖化防止条約）」のCOPが有名（たとえば、「パリ協定」が採択された二〇一五年のCOP21）だが、各条約にCOPはある。生物多様性条約でも、およそ二年ごとに開催されてきた。

生物多様性条約は一九九三年一二月に発効し、第一回目の締約国会議COP1は翌九四年一一月にナッソー（バハマ）で開催された。この会議には私も参加したが、南北対立事項の対処方針をめぐって、G77などの途上国グループと先進国グループの非公式会議がそれぞれ別々に連日夜更けまで開かれた。しかし結局は、資金メカニズムなどの対立点はもちろん、条約事務局の場所など事務的な事項さえも満足に決定できないまま終了した。

翌九五年一一月にジャカルタ（インドネシア）で開催されたCOP2には、私はちょうどJICAプロジェクトの初代リーダーとして赴任中（プロローグ参照）でオブザーバー参加した。このCOP2では、海洋生物多様性に関する「ジャカルタ・マンデート」とともに、参加国の喫緊の課題として、遺伝子組換え生物の国境を越える移動について「バイオセーフティ議定書」を策定することが合意された。

†遺伝子組換え生物の安全性をめぐって

生物多様性条約での南北対立事項のひとつが、バイオテクノロジーにより改変された生物（遺伝子組換え生物。LMO〈Living Modified Organism〉、かつては生物多様性条約などでGMO〈Genetically Modified Organism〉の用語が多用された）の扱い、バイオセーフティだ。多くの食料品や医薬品、さらには「光るメダカ」や「光る絹糸」までもが、バイオテクノロジー技術で生産されている。近年のバイオテクノロジー技術の高まりとともに、原産国としての権利を主張する途上国および一部の先進国から遺伝子組換え生物による野生生物・生態系への影響を懸念する声が上がった。

　これに対して、生物資源を有効に活用したいとする先進国・企業は、そもそもバイオテクノロジー技術は安全であり、生産された遺伝子組換え生物も管理され得ると主張した。結局一九九二年の地球サミットまでに合意できなかったこの問題の結論は先送りされ、条文では「(取り扱い等についての）議定書の必要性及び態様について検討する」(一九条）と方向性だけが示されるにすぎなかった。

　この問題について途上国は、条約はそもそもバイオテクノロジー産業にとって「原材料」として必要な生物資源への自由なアクセスを確保するために、生物多様性のコントロール、管理、所有を「グローバル化」しようとする北のイニシアチブに先導されて、検討が開始されたものであると考えた。このため、生態系への影響のみならず、自国の社会経済や食の安全性に及ぼす影響をも懸念した。

　これに対して、マイアミ・グループと称されるヨーロッパ以外の主要穀物輸出国は、遺伝子組換え農作物（GM作物）の輸出への障害を危惧して議定書の策定には消極的だった。実際、グローバル企業（多くは米国企業）は遺伝子組換え生物の知的財産権保護を政府や世界貿易機関（WTO）に働きかけた。一方で途上国農民などは、使用料を払わない限り自分の収穫物からの種子も利用できなくなると、これに反対した。

ＣＯＰ１でも宿題として持ち越された遺伝子組換え生物の扱いは、ＣＯＰ２において、国境を越えるものについては一定の規制が必要との認識で一致し、「バイオセーフティ議定書」の策定について合意に至ったものだ。これを受けて、一九九九年にカルタヘナ（コロンビア）で開催された特別締約国会議で議定書の内容が討議され、翌二〇〇〇年にモントリオール（カナダ）で再開された会議で議定書として採択された。議定書は、特別締約国会議の開催地にちなんで「バイオセーフティに関するカルタヘナ議定書（カルタヘナ議定書）」と命名された。

議定書は加盟各国に対して、輸出の際に遺伝子組換え生物を含んでいる場合には、その旨の明記・通報と相手国の同意などを求めている。二〇〇三年に議定書を批准した日本では、同年、国内法として「遺伝子組換え生物等の使用等の規制による生物の多様性の確保に関する法律（カルタヘナ法）」を制定している。こうして、生物多様性条約締結の際の、いわば積み残した南北対立の論点のうち、遺伝子組換え生物の取り扱い、安全性については、一応「カルタヘナ議定書」で合意が得られた。

ところが、早期に条約を批准し、条約事務局をモントリオールに誘致し、さらにカルタヘナ議定書が採択された地でもあるカナダは、条約に加盟していない米国などとともに、農業や製薬などでの遺伝子組換え生物使用に対する規制を嫌い、カルタヘナ議定書自体に加盟（批准）していないのだ（二〇二〇年三月現在）。また、加盟国は、カルタヘナ議定書の締結だけではなく、さらに遺伝子組換え生物が万が一自然界に放出されたことによる影響に対する補償についても議論したが、これも合意には至らなかった。

二〇一〇年一〇月に名古屋で開催された第一〇回締約国会議（COP10）。その直前には、「カルタヘナ議定書第五回締約国会議（MOP〈Meeting of the Parties〉5）」が開催された。このMOP5では、懸案だった遺伝子組換え生物が輸入国の生態系に被害を与えた場合の補償ルールが、カルタヘナ議定書を補完する形で「名古屋・クアラルンプール補足議定書」として採択された。名称は、補足議定書の交渉が開始されたMOP1（二〇〇四年）と最終決定のMOP5（二〇一〇年）のそれぞれの開催地名を冠したものだ。

カルタヘナ議定書に加盟し、COP10の議長国となった日本でも、除草剤耐性などの性質を有したこれらの遺伝子組換え品種が輸入農産物などからこぼれ落ちたりして、私たちの知らぬ間に自然界にも広がりつつあるという。安全性には配慮されているとはいえ、その影響の本当のところは誰も確認できていない。

†名古屋議定書＝生物の遺伝資源利用の国際的ルール

生物多様性条約COP10は、正式な会期の最終日二〇一〇年一〇月二九日の日付が変わった午前一時半、議長国日本の松本龍環境相（当時）が打ち下ろす木槌で閉幕した。条約成立（一九九二年）以来、というだけでなく大航海時代以来、の生物資源の原産国（途上国）と消費国（先進国）との間の懸案だった「遺伝資源へのアクセスと利益配分（ABS）」のルールが、課題は残しつつも「名古屋議定書」として採択された瞬間だ。

採択と同時に、世界各国の代表団などからは、大きな拍手と歓声があがった。「名古屋議定書」と「愛知目標（愛知ターゲット）」の採択は、直前まで、果たして採択までたどり着けるか疑問視されていただけに、議長国日本としても誇りある成果であり、交渉にあたった関係者の苦労と喜びは計り知れない。

名古屋議定書は、野生動植物などから製品化した薬品などの利益をいかに生物資源の原産国である途上国に還元するか、などの生物の遺伝資源利用の国際的なルール、いわゆる「遺伝資源へのアクセスと利益配分（ABS）」のルールを定めたものだ。

食料品はもとより、医薬品など現代の私たちの生活に欠くことのできない化学製品も、もとをただせば先住民などの生物資源の利用にヒントを得て、その成分など遺伝資源を利用して製品化したものだ。先進国のグローバル企業などは、これらの製品で莫大な利益を上げてきた。

しかし、そのもととなる生物資源（遺伝資源）は、大航海時代以来、植民地からヨーロッパなど先進国（宗主国）に持ち出されてきたものだ。途上国は、これをバイオパイラシーとして非難してきた。

生物多様性条約成立までの交渉でも、生物資源の保全には異存ないものの、原産国としての権利と保全のための資金を要求する途上国と、企業活動への影響を懸念する先進国との間で、深刻な対立（南北対立）が続いた。生物多様性条約はこうした対立の中で、妥協の産物として成立した。

こうした中で、ＡＢＳについては、ＣＯＰ６（二〇〇二年オランダ・ハーグ）で「ボン・ガイドライン」が採択されてはいるものの、法的拘束力のある議定書などにまでは至っていなかった。「名古屋議定書」は、単なるガイドラインと違い、条約として位置付けられたものだ。対立が続いたＡＢＳで、拘束力のある国際的なルールが策定されたことの意義は大きい。

しかし、途上国が求めた植民地時代など議定書発効前に持ち出されて利用された資源は対象にならず、また改良製品（派生品）は個別契約時の判断となるなど、妥協点も多い。結局は、先進国企業にとっても生物資源を利用した商品開発の可能性が確保され、原産国にとっても生物資源提供により利益の確保になる、といった両者の利益（ウィン・ウィン）を考えた妥協の結果だが、この妥協が今後の運用に影を落とさないことを祈るばかりだ。

実際、議長国日本が名古屋議定書を批准したのは、採択から七年、発効から三年近くが過ぎた二〇一七年五月になってだ。先進国の中でも遅い批准となったのは、定義や解釈があいまいで、派生物による利益配分など個別交渉の余地が残っていることなどへの関係省庁や産業界などからの慎重論によって意見がまとまらず、国内でのルール作りが遅れたためでもある。もっとも、超先進国の米国は、条約そのものを批准しておらず、したがって議定書には参加さえしていない。

COP10で「名古屋」や「愛知」の名を冠した議定書や目標が採択されたことは、地球温暖化の京都議定書採択とともに日本の環境分野での国際貢献の誇るべき成果ではある。しかし、その議長国としての日本はこれに甘んじることなく、これらの実効性が上がるよう今後も主導的役割を演じてほしいものだ。

†ポスト愛知目標からSDGsへ

それまでの締約国会議では地球上の生物多様性保全についても議論が重ねられ、「エコシステム・アプローチ原則(COP5)」や「外来種予防原則(COP6)」、「世界植物保全戦略(COP6)」なども採択されている。また、一九九二年の生物多様性条約成立と同時に条約を目指しながらも地球サミットでの「森林原則声明」にとどまった森林の生物多様性やジャカルタ・マンデート（ＣＯＰ２）を発展させた海洋生物多様性などが引き続き議論されてきた。

こうした生物多様性の保全について、条約発効から一〇年目の二〇〇二年四月にオランダのハーグで開催されたＣＯＰ６で、ハーグ閣僚宣言などのほか、「生物多様性条約戦略計画」が採択された。これは、条約の目的を更に推進するために必要な目標、優先すべき活動等を定めたもので、二〇一〇年までを計画年次として、「現在の生物多様性の損失速度を二〇一〇年までに顕著に減少させる」ことを戦略計画全体の目的としている。これがいわゆる「二〇一〇年目標」だ。この目標では、一一の最終目標（ゴール）と達成のための二一の目標（ターゲット）が掲げられたが、その達成度は全体的には低い評価だった。

その目標年の二〇一〇年に名古屋で開催されたのが、ＣＯＰ10だ。そこでは、二〇一一年以降の目標（ポスト二〇一〇年目標）も争点のひとつとなり、「名古屋議定書」と同様最終日に「愛知目標（愛知ターゲット）」として採択された。採択された愛知目標の戦略計画ビジョンは「自然と共生する世界」であり、二〇五〇年までに生物多様性が評価、保全、回復され、賢明に利用されることによって、生態系サービスが保持され、健全な地球が維持され、すべての人々に不可欠な恩恵が与えられる世界を実現することを目指し、二〇二〇年までに生物多様性の損失を止めるための効果的かつ緊急の行動を実施することとしている。このための二〇五〇年までの長期目標、二〇二〇年までの短期目標、さらに二〇項目の個別目標が設定された。この愛知目標採択までの討議では、特に自然保護地域の面積拡大について、先進国と途上国の間での対立が続いた（第二章1節参照）。

このほか、伝統的な人間と自然との関係を維持しつつ生物多様性の保全ともなる「SATOYAMAイニシアティブ」や「国連生物多様性の10年」など、日本が提案した決議も採択された。

また、二〇一〇年は、二〇〇六年にブラジルのクリチバで開催されたCOP8の勧告に基づいて同年の第六一回国連総会において決定された「国際生物多様性年」でもあった。条約と二〇一〇年目標を周知して、条約の達成を推進しようと、世界各地でイベントも開催された。

なにはともあれ、国際生物多様性年、そして二〇一〇年目標の最終年に開催されたCOP10で大きな成果があったことは、ホスト国の日本として誇るべきことだ。とかく地球温暖化に比較して認知度の低い生物多様性だったが、先行していた地球温暖化の「京都議定書」（一九九七年）に続いて、今回の会議では、地元の名を冠した「名古屋議定書」と「愛知目標」が採択されたのだ。

ところが、目標最終年の二〇二〇年九月一五日に発表された「地球規模生物多様性概況第五版（GBO5）」では、目標の二〇項目のうち、達成できたのはゼロという。目標を構成する六〇要素をみれば、外来種、保護地域面積、名古屋議定書発効などの七要素は達成されたと判断されたが、それでも全体の約一割にすぎない。

「ポスト愛知目標」は、本来は二〇二〇年一〇月に中国で開催されるCOP15で議論され、採択される予定だったが、新型コロナ感染拡大で翌年五月に延期となった。生物多様性条約に未加盟の米国と開催国中国の米中対立を避け、将来世代へ向けた前向きな目標の策定が望まれる。そして目標達成のための環境・経済・社会が一体となったSDGs（第四章2節参照）との連携を図りたい。

第二章

地域社会における軋轢と協調

切り立った岩峰が島のように浮かぶ間を翼手竜のようなイクランに乗って飛び交うナヴィ族たち。映画『アバター』（ジェームズ・キャメロン監督、二〇〇九年公開）は、熱帯雨林を思わせる森で自然と共に平和に暮らすナヴィと呼ばれる「先住民」の人々に対して、鉱物資源開発で金儲けをしようとする「人間」が立ち退きを迫る物語だ。人間とナヴィのDNAとを組合せた分身（アバター）として送り込まれた男は、やがて任務に疑問を抱き、先住民との愛と絆、さらには生態系との調和に目覚める。

この映画と類似の出来事は、前章でみてきたように、大航海時代以降の植民地でも起きていた。そこでは、生物資源がヨーロッパ宗主国に独占され、古来これら資源を利用してきた人々からは剝奪された。

生物多様性条約では、生物多様性保全のためには生息域内保全が基本であり、「（自然）保護地域」の設定を主要な手段としている（第一章3節参照）。しかし、植民地における自然保護などのための保護地域設定でも、映画と同じように、その地域に先祖代々住んできた先住民は放逐された。そして、植民地から解放され独立国になった後も、今度は独立国政府の保護地域政策によって相変わらず住民が追放されるというはめになり、保護地域管理者と住民との対立が続いている。保護地域の適正な運営管理は、生物多様性の保全には不可欠なものである。

そこで本章では、貴重な自然、生物多様性を保護するための国立公園など保護地域をめぐる管理者（政府など）と先住民・地域住民との軋轢の原因を保護地域の歴史から解明し、軋轢・対立の解消のための保護地域の協働管理への転換を、世界のトレンドとインドネシアの事例からみていく。第一節では、世界最初の国立公園の誕生とその時に背負った原罪ともいえる先住民追放の管理政策、そしてそのメカニズムの世界的拡散と協調路線への転換を俯瞰する。第二節では、国立公園内の生物多様性保全のためにも地域住民の生活安定が必要であるとの認識と、地域社会の経済向上の手段としてのエコツーリズムなど国立公園と観光について考察する。第三節では、インドネシアの国立公園を事例に、住民を追放する管理から住民と協働する管理への転換を模索する実態をみてみる。

1　先住民の追放と復権

†放逐された人々

世界遺産ともなっているイシマンガリソ湿地公園は、南アフリカ共和国クワズール・ナタール州の東部海岸に位置し、面積は約三三万ヘクタールにも及ぶ南アフリカで三番目に大きな自然保護地域だ。設立は一八九五年にまで遡るが、一九九九年には南アフリカで最初の世界自然遺産にも登録され、公園内には二カ所のラムサール条約湿地もある。公園は、多くの水鳥のほか、カバやワニも生息する河川・湿地と、砂丘や岩壁の連なる海岸部から成り、一三もの保護地域の集合体だ。世界遺産登録当初は、集合体の中の中核的な保護地域セント・ルシア公園の名をとって、英語名のグレーター・セント・ルシア湿地公園と名付けられていたが、二〇〇七年に地元のズールー語で「驚異」を意味する現在の名称に変更された。

セント・ルシア湖周辺の湿地を囲む森林には昔から住民が居住していたが、世界遺産登録を前に、保護地域（公園）内での居住は認められないとの政府（公園当局）の方針により、住民は森林地域から追放された。住民には、世界遺産登録のための犠牲になったとの感が強かった。このため彼らは、先祖代々の土地所有を主張し、追放政策に抵抗して不法占拠を続け、逮捕される者も相次いだ。こうした政府と地域社会との長い闘争の末、一九九三年の両者の合意により、逮捕者は釈放され、地域社会は代替地を所有することとなった。これが、現在のクーラ村だ。それでもまだ移住を拒否し森林地域に居住し続ける住民もいる。こうした住民による農地開墾により、森林と周辺湿地は深刻な影響を受けている。

イシマンガリソ湿地公園だけではなく、世界中の旧植民地の国立公園などの保護地域でも、実は映画『アバター』と似たような問題が起きていたのだ。太古から連綿と生活を続けてきた先住民と呼ばれる人々の社会は、いわば侵入者でもある文明人との軋轢、そして侵入者によるガバナンス（管理・統治）によって先住民の生活が脅かされるという事態が起きた。

†保護地域の発生

近年急速に消失している熱帯林だが、これらの防止に寄与しているのが保護地域だ。現在では、国立公園などの保護地域が世界中に設定されていて、陸域保護地域だけでも地球上の陸域面積の一五％以上を占めている。地球規模の環境問題のひとつとしての「熱帯林の保護」や「生物多様性の保全」が叫ばれている中、保護地域の数を増やし、面積を拡大することは、世界中の国々が賛成するかと思われる。

しかし、ことはそう簡単ではない。世界最大の自然保護団体でもある国際自然保護連合（ＩＵＣＮ）などは、長年にわたって保護地域面積の拡大に取り組み、目標値（地球上陸地面積に対する保護地域面積の割合）を掲げてきたが、その達成が遅々として進まないばかりか、目標値の上方修正には途上国などから強硬な反対意見が突き付けられた（第一章3節参照）。

先進国と途上国との対立は、これまでみてきたような生物資源をめぐるものだけではなく、生物多様性を保全するための保護地域をめぐっても生じていたのだ。その理由を探るため、まずは保護地域とその中心となる国立公園の発生からみてみよう。

近代的な保護地域制度の設立よりもはるか以前から、実質的に自然を保護する仕組みや習わしは、日本のみならず世界に多数存在してきた。そのひとつに、支配者層による狩猟のための保護地域がある。王侯貴族などの狩猟の場や狩猟対象動物の確保などのために、地域住民などの侵入・利用を阻む場所として設定されたものだ。

こうした保護地域は、紀元前七〇〇年にはアッシリアに出現したという記録もある。インドやヨーロッパでも、数千年前から王家などが管理する天然資源や狩猟動物の保護地域が設定されてきた。日本でも、鷹狩のタカの繁殖場所（御巣鷹山など）や訓練のための鷹場、鴨猟のための鴨場などが各地に存在し、保護されてきた。江戸のまち（東京都内）でも、現在の目黒界隈や東京大学駒場キャンパス、あるいは浜離宮公園などに鷹場があり、建物の新築や鳥類の捕獲などが禁じられていたという。

ヨーロッパ列強による植民地時代になると、植民地では絶滅危機に瀕した野生生物保護のための自然保護地域が設定された。このような保護地域の初期の例として、オランダ領ジャワ（現インドネシア）のチボダスやウジュン・クロン、ベルギー領コンゴのアルバート（現ヴィルンガ）国立公園がある。また、植民地では、アフリカのサファリのように宗主国支配者層のスポーツハンティングを支える場としての保護地域（ゲーム・リザーブ）も設定され、保護地域から先住民・地域住民を排除した管理運営が行われてきた。

さらに、古くは王侯貴族など、近代では植民地宗主国などの支配者層は、交易などによる経済的利益のもととなる自然資源供給地や水源地などを保護し、囲い込んできた。建築や造船のための有用材の不法伐採防止のためのものもあった。

日本でも、優良材確保のために伐採を禁じた御留山（おとめやま）や「木一本、首一つ」といわれる厳しい伐採制限を課して、「木曽五木」（五種の有用樹種）の保護のために厳罰で臨んだ尾張藩の林政などが知られている。また、現在の伊豆半島天城山の国有林は、江戸時代には幕府林（明治時代以降は皇室御料林）として「天城七木」（七種の有用樹種）の保護のために禁伐とされていた。

一方、一般住民の間でも、生活の糧としての自然資源の利用を制限して保存するコモンズあるいは入会地（いりあいち）などは、日本を含む世界各地に見出される。インドネシアには、村人たちが木材や非木材林産物（NTFP／Non-Timber Forest Products）を自由に採集利用できる「タナ・プラハン（慣習利用林）」と長老会議などによって必要と判断された場合以外は利用できない「タナ・マワッ（慣習保全林）」とがある。これらも、現代の保護地域の源となるものである。なわばり機能による禁猟（漁）は、そのすべてが生態学的な資源の保護と社会的な紛争の回避・抑制に寄与したとは限らないが、保護地域管理にも「伝統的生態学的知識（TEK）」に基づく資源管理の有効性を再認識しようとする動きがある。

自然の精霊や先祖、あるいは土地や水の保全に関連した「自然の聖地」も、古代から世界中に存在する（第四章1節参照）。アジアやアフリカにおいては、村落共同体の聖地あるいは禁忌場所として存在した。多くの社会において伝統的な自然の聖地は、現在の法的な保護地域と同等の機能を有しており、保護地域の最も古い形式がこのような聖地であったことはほぼ確実である。

保護地域の誕生には、自然発生的であったか、意図的であったか、は別にしても、狩猟の場や交易産物の保護のための支配者の側からのアプローチ（トップダウン）と、信仰対象・聖地や生活の糧を確保する場としての民衆の側からのアプローチ（ボトムアップ）とがあったといえよう。

†国立公園の誕生と拡散

ゴールドラッシュに沸く西部開拓の時代の米国。幌馬車を連ねて西へ西へと進んだ開拓民たちは、適地があればそこで牧場経営などを始めた。もともとは先住民であるネイティブ・アメリカン（北米インディアン）の土地だったが、開拓民も政府も、そのような考えには至らなかった。連邦政府は開拓民に土地を提供する義務があり、開拓民が開墾すればそこは自分たちの所有地になった。公有地に五年間定住して開墾した者には、一六〇エーカー（約六五ヘクタール）の土地が与えられたのだ。この根拠となった法律「ホームステッド法（自営農地法）」（一八六二年）を制定したのは、西部地域の開拓民を味方につけようとしたリンカーン大統領だった。

そうした時代、一八七〇年九月のこと、ウォッシュバーンらの探検隊は、イエローストーン地域で間欠泉や雄大な滝などの大自然に目を奪われた。その夜、キャンプの焚き火に顔を染め、金属カップのコーヒーをすすりながら、隊員たちは昼間見た景色の感動に酔いしれていた（これは、私が子供の頃に見たテレビ放映初期の米国製西部劇番組の場面からの勝手な想像にすぎないが）。その時、コーネリアス・ヘッジスという若者が、これらの大自然を個人所有にして荒らしてしまうのではなく、後世にまで伝えて公共の利益に供すべきだと熱く語った。これが、一八七二年に誕生した世界で最初の国立公園、イエローストーン国立公園設立の契機となった。

この国立公園誕生の有名な逸話「キャンプファイア伝説」は、米国内務省国立公園局のホームページなどでも紹介されている。しかし実際は、そのように単純で、美しいだけの伝説でもないようだ。こうして、本来は先住民の土地だったことにはお構いなしに、西部開拓で土地所有が細分化し民有地化されていく時代に、国立公園は公有地として確保されることになったのだ。

米国国立公園黎明期の功績は、決してヘッジス一人だけのものではない。『森の生活（ウォールデン）』で有名なソローとともに、米国の自然派（ナチュラリスト）の先人で「国立公園（あるいは自然保護）の父」ともいわれるジョン・ミューアなど、多くの思想家、政治家、活動家などの努力の結晶であったことも銘記しなければならない。

また、米国の国立公園が最初から自然保護を目的として管理されたかというと、必ずしもそうではない。西部に鉄路を延伸していたノーザン・パシフィック鉄道が、イエローストーンを観光地化して旅行客を独占しようと考え、民有地となるよりも連邦政府有地となるよう働きかけた結果でもある。現在の米国の国立公園は、原始自然の保護、生態系の保全が主体であるといわれている。しかしイエローストーン国立公園誕生の陰には、現代でいう生態系保全だけではなく、観光のための風景保護の色彩が強かったともいえる。

この一九世紀後半に米国で誕生した国立公園制度は「イエローストーンモデル」とも呼ばれ、時の帝国主義時代の流れの中で世界各地の植民地に移入された。英国の植民地オーストラリアのロイヤル国立公園（一八七九年世界第二番目）、独立後間もないカナディアン・ロッキー山脈自然公園群（バンフ国立公園など一八八五年世界第三番目）やトンガリロ国立公園（ニュージーランド、一八八七年世界第四番目）のほか、ラテンアメリカ、アフリカ、アジア地域などに次々と国立公園が誕生していった。

そして、世界で初めての国立公園誕生の契機となった時代背景や自然への眼差し、土地所有に対しての考え方などは、その後世界各地、特に植民地で設立された保護地域に、大きな影響を及ぼし、保護地域の性格や形態を特徴づけることになった。すなわち、先住民の伝統や生活を無視し、彼らを追放して国立公園が設定されたことである。

これにより、国立公園内の土地は国直轄の公園専用地域として管理（営造物制管理）されることとなった。このような国立公園の設定は、かつてのヨーロッパ王侯貴族のための狩猟地確保などのようにトップダウンの支配者目線の発想でもある。そして植民地においても、再び先住民を無視した保護地域制度が取り入れられていったのだ。植民地へ広まった米国型国立公園の管理方式（ガバナンス）は、世界の生物多様性の保全に大きく貢献したものの、同時に地域社会には深刻な影響も及ぼした。

いずれにしても、最近ではやや陰りが見えてきたとはいえ、ソビエト連邦崩壊後の世界の政治・経済を一国でリードしてきた米国は、建国後間もない時期に既に世界をリードする保護地域制度を創設していたということになる。

†地域社会との軋轢と協調

一九世紀の植民地時代から一九七〇年代までは、人を排除して自然を保護する考え方が支配的であり、ライオンやゾウなど多くの野生動物生息地として有名なセレンゲティ国立公園（タンザニア）では先住民マサイ族が公園から退去させられるなど、世界各地で先住民や地域住民が保護地域から排除されてきた。しかし、食料や燃料などの生活の糧を森林資源に依存していた住民は、公園内の資源利用を続け、これを違法として取り締まる公園管理者との間で軋轢が生じた。

これに対して、保護地域の管理のためにも地域社会の生活の安定は必要だとの認識が、時代を経るにしたがって生まれてきた。これには、生物多様性条約をめぐる途上国と先進国との対立などで、途上国の資源原産国意識や先住民・農民・女性の権利意識が芽生え、これに先進国が理解を示してきたこともある。一九七五年ザイールのキンシャサで開催された第一二回国際自然保護連合（ＩＵＣＮ）総会において「伝統的生活様式の保護」と題する決議がなされたのをはじめ、特に第三回世界国立公園会議（一九八二年インドネシア・バリ島）以降、保護地域と地域社会の両立や計画・管理に地域住民を参加させる必要性などが世界的に認識されるようになってきた。

このような考え方に沿った方式として、第三回世界国立公園会議では、保護地域の管理と地域住民の社会・経済的要求を調和させることにより生物多様性を保証しようとする「保全開発統合プロジェクト（ＩＣＤＰｓ／Integrated Conservation and Development Projects）」も提示された。これは、社会経済的な開発の促進と保護地域の自然を損なわないような方法による地域住民への現金収入により、国立公園などの自然保護を全体的に達成しようとするものであり、世界銀行や世界自然保護基金（ＷＷＦ）などの主導による政府開発援助の大規模プロジェクトを中心として一九八〇年代から九〇年代にかけて世界各地で実施された。このＩＣＤＰｓによる保全と開発の連携の効果は必ずしも明らかではないが、経済的な恩恵を受けた集落のほうが受けない集落よりも、森林への違法侵入（エンクローチメント）は少ないことを示す事例はある。

その後も、地域社会を重視した保護地域管理と経済発展を結びつける考え方は醸成された。第四回世界国立公園会議（一九九二年ベネズエラ・カラカス）などを通じて、エコツーリズムが自然保護と地域社会発展の統合の手段として明確に位置付けられた。エコツーリズムとは、持続可能な観光として少人数のツアーなど自然そのものへの負荷を少なくすると同時に、ガイドなどの雇用と収入の増加による地域社会の経済性向上によって、それまでの生活のための狩猟や燃料採取、農耕など保護地域内の自然資源に依存する生活からの脱却を図るものである。これにより、自然への影響軽減を図り、自然の価値を再認識することで、自然保護を保証することを目的とする。このエコツーリズムについては、本章2節で詳述する。

また、地元住民を完全に排除するのは、環境面でも効果的でないことがわかってきた。公園から立ち退かされた人々は近隣地域を開拓し始めるため、一部を完全に保護して一部を略奪に任せるよりは、広い地域で均等にほどよく収穫する方が、生態系にとっては好ましいという考えもある。そこで、一旦は排除した先住民や地域住民による公園内での伝統的な生物資源利用を再び許容する動きも出てきた。

前述のイシマンガリソ湿地公園周辺の住民は、イグサのような植物で編んだ伝統的なマットを製作してきた。このマットは、住民の日常生活だけではなく、現代では観光土産ともなっている。公園当局では一九六〇年代から、この材料植物のセント・ルシア湿地での栽培を制限つきで許可してきた。地域社会の伝統的な生活と公園の保護の両立を図る目的で、集落と栽培地は、公園のバッファゾーン（緩衝地帯）として位置付けられた。また、伝統的な染料の原料となるムラサキイガイの採取も、集落資源利用地区では許可証を発行して認めてきた。

しかし、これらの収穫・採取に、近隣の村からも参加するほどの大規模な産業となりつつある。今のところ公園当局なども、地域社会発展のため、近隣から集まった住民などに移動手段やキャンプでの水、燃料などの便宜を提供して、地域社会の発展を支援しているが、公園全般の保護と開発のあり方について政策の再検討が必要との声も出てきている。

†先住民への土地返還

サバンナ草原に生息するゾウ、ライオン、サイ、バッファロー、ヒョウの大型動物（ビッグ・ファイブ）をはじめとする多くの野生生物の生息地として名高いクルーガー国立公園（南アフリカ。本章2節参照）。野生生物の営みとそれを見るためにやって来た外国人観光客の姿は、平和そのものの光景だ。

しかし、わずか五〇年前、国立公園の北端に位置するパフリ地域マクレケ部落の住民たちにとっては、忘れられない出来事が起きた。一九六九年のある日、約三〇〇〇人の住民は、家を焼き払われ、銃によって強制的にそれまで住んでいた地域から追放されたのだ。そして、その土地はクルーガー国立公園に編入された。

その後、土地返還プログラム（土地返還法、一九九四年）によって一九九八年には復帰主張が認められ、二万五〇〇〇ヘクタールの土地が住民に返還された。返還協定では、農業や定住などは公園当局の許可なしにはできないことになっており、保護と土地利用の両立が地域住民の責務ともなっている。この背景には、農業や牧畜による収入よりもエコツーリズムによる収入のほうが多く、保全との両立に適しているとの認識もある。こうして、地域社会による「地域管理型」の五〇年間契約の「契約公園」が誕生した。

オーストラリアのウルル＝カタ・ジュタ国立公園でも、そこが先住民アボリジニの聖地であるとの再認識が高まり、ヨーロッパ人による管理からおよそ一〇〇年ぶりの一九八五年に、これらの土地が先住民に返還された（第四章1節参照）。

これらの事例のように、先住民の権利を考慮する考え方も相まって、かつて取り上げた保護地域を先住民や地域社会に返還したうえで契約に基づき管理してもらう「先住民・地域社会保全地域（ICCAs／Indigenous and Community Conserved Areas）」などの概念も生まれてきた。実際に指定地域も、オーストラリア、コロンビア、ケニア、ネパールなど世界各地で増加してきている。二〇一四年にシドニー・オリンピックセンター（オーストラリア）で開催された「第六回世界国立公園会議」では、オーストラリア先住民アボリジニなど世界各地の先住民族の人々によって先住民管理や土地返還などの保護地域管理事例発表やパフォーマンス（舞踊など）が披露された。私は、第三回から第六回までの世界国立公園会議に毎回出席してきたが、先住民を取り上げる傾向は回を追うごとに強まってきている。

今や「先住民」は国立公園管理を語るうえで無視することのできないキーワードとなった。これは、米国型国立公園（イエローストーンモデル）が誕生した際に背負った「原罪」であり、先住民尊重はその「贖罪」かもしれない。しかし、このキーワードが、安易な同情としての流行や、かつて支配した側の免罪符に終わってはならない。

†排除から協働へ

これまでみてきたような国立公園ガバナンスの変遷は、「世界国立公園会議」勧告の影響を受けたものであり、一方で世界国立公園会議の議題や勧告も、その時々の現実のガバナンスの課題などを反映したものでもある。

この世界国立公園会議（最近では「世界保護地域会議」と称されることもある）は、世界の国立公園関係者が一堂に会する一〇年に一度の会議で、自然保護の国際会議では最大のものである。国際自然保護連合（IUCN）と開催国の主催によって、一九六二年に米国シアトルで第一回会議が開催され、直近では二〇一四年にオーストラリアのシドニーで第六回が開催されている。それぞれの会議で採択された会議勧告は、その後の世界の保護地域をはじめとする生物多様性概念の醸成や政策に大きな影響を及ぼしてきた。むしろ国連人間環境会議（一九七二年）などの国連会議に先んじて開催されたという点では、世界の環境問題をリードしてきたともいえなくはない。

一口に「国立公園」といっても、国によってその形態や問題点はさまざまだ。世界の保護地域の現状を把握し、問題点などを抽出するためには、ある程度同一の基準で包括的に分類してリスト化することが有効である。このため、「動植物保護の国際会議」(一九三三年ロンドン)で四種の保護地域カテゴリーが提示され、その後、一九六二年の第一回世界国立公園会議において、現在の保護地域リストの原型ともいえる「国立公園および同等保護地域の世界リスト」がIUCNにより提示された。第一九回IUCN総会(一九九四年アルゼンチン・ブエノスアイレス)で採択された改定カテゴリーでは、世界の保護地域を厳正保護地域、国立公園、天然記念物などの六カテゴリー(類型)に分類した。この一九九四年改定では、地域社会・住民との連携が保護地域管理上も重要との認識の高まりから、「生息地・種管理地域」や「資源管理保護地域」が追加された。

さらに、「先住民・地域社会保全地域(ICCAs)」などを追加すべきとの意見も出てきた。第五回世界国立公園会議(二〇〇三年南アフリカ・ダーバン)や第三回世界自然保護会議(IUCN総会。二〇〇四年タイ・バンコク)などでは、保護地域の管理者の観点からも分類すべきという意見が出て、従来の六カテゴリーを縦軸に、政府管理、共同分担管理、民間管理、先住民・地域共同体管理の四タイプのガバナンスを横軸にしたマトリックスが提示された。

このように、一般的な森林管理も含めて、「地域住民・地域社会の参加」は欠かすことのできないキーワードになっている。しかし、住民参加とはいえ、管理体制の末端に住民を位置づけ、利用権の付与や資源利用計画の認可によって住民の資源利用を統制しようとするような住民参加型管理では、従来の管理政策のパラダイム転換にはなりえない。保護地域における住民参加が、管理者側の都合や表面だけの見せかけ、懐柔策として形だけ取り入れられ、あるいは一部住民の利益だけで推進されるのでは不十分である。

保護地域における地域住民・社会との関わりのトレンドで重要なことは、単に保護地域にかかわる仕事、あるいは観光関係にかかわる仕事に従事している者にとっての経済的な効果のみならず、国立公園内の自然の保全が地域社会の発展にも寄与しているということが住民間に広く認識されることである。

こうして、植民地の影が色濃い国立公園の管理形態から先住民・地域住民の参加や土地の返還が行われる管理形態へと変化してきたが、地域社会はもちろんのこと、途上国政府でもいまだに国立公園などの保護地域に対する偏見は強い。

二〇一〇年に名古屋で開催された「生物多様性条約第一〇回締約国会議（ＣＯＰ10）」では、「愛知目標」が採択されたが、採択までには保護地域の面積拡大について、先進国と途上国の間での対立が続いた（第一章3節参照）。保護地域は、COP10開催前の二〇〇八年までには陸上保護地域だけでも全世界で一二万カ所を超え、地球上の陸地面積の一二・二%を占めるまでになっていた。達成されていないものが多い「二〇一〇年目標」のなかで、保護地域に関しては進展があったと評価された。しかし、熱帯林の消失などに対処するため、先進国を中心に保護地域の一層の拡大を求める声は強かった。

一般的には、生物多様性の保全のためには保護地域が有効であることには反対論も少ないはずだと考えられる。ところが途上国にとっては、保護地域は今後の開発などに支障となり、世界の生物多様性保全の恩恵は先進国が受けるのに、その保全のために途上国だけが犠牲を強いられるとの思いが強い。実際、日本の国際協力機構（JICA）「環境社会配慮ガイドライン」（二〇一〇年四月）や世界銀行「セーフガード・ポリシー」などにもみられるように、海外援助国・機関による開発援助事業の実施の際には、保護地域はその対象外となることも多い。

このため、陸上保護地域の面積割合について、当時の現状を上回る一五%あるいは二〇%を提案するEUや日本などの先進国と、それに反対する中国やアフリカ諸国など途上国の対立は、COP10本会議の最終日まで続いた。海域の保護地域割合については、当時でも一%程度にすぎず、原案では目標値の設定さえ書き込めない有様だった。陸上については結局、先進国と途上国の両者から提案された値の中間値で妥協された。この結果、最終的に採択された目標値は、陸上保護地域で一七%、海域で一〇%となった。

先住民・地域住民を追放して設定された米国型（イエローストーンモデル）の国立公園・保護地域から、地域社会の参加を促し、さらには土地返還にまで変化してきたガバナンス。私は、このような国立公園ガバナンスの変遷を地域社会との関係に焦点を当てて、先住民などを排除して自然保護を図る「統治管理型」から、政府援助などの大規模プロジェクトにより保護と開発の統合を模索した「開発援助型」、エコツーリズムなどによる地域社会の経済的な安定と自然保護の両立を図る「自立支援型」、さらには保護地域内での伝統的な自然資源利用も許容する「資源許容型」、公園管理などに地域住民の参加を促し地域社会との協働管理をめざす「参加協働型」、先住民や地域社会に保護地域の管理を任せる「地域管理型」の六段階に整理している（詳細は、拙著『生物多様性と保護地域の国際関係　対立から共生へ』明石書店参照）。

†日本の国立公園は？

ところで、日本の国立公園制度はどうだろうか。明治維新以降は、さまざまな分野で欧米の法制度を取り入れた近代化が推進された。自然保護関連分野もその例外ではなく、鳥獣保護、保安林、天然記念物などが次々と制度化されていった。しかし、国立公園の誕生は、他の制度に比較して遅れた。その理由の主要なものは、米国と違って細分化された土地利用と土地所有形態、さらに国立公園の目的をめぐる自然保護が主体か、観光開発が主体かといった論争などだった。

それが急遽法制化されることになった契機は、一九二〇年代後半から三〇年代にかけての世界恐慌だ。この不況を乗り切るための外貨獲得手段として、日本では外国人観光客の誘致が国策となったのだ。実際、この時期には、不況対策のための国際観光地開発（一九二七〈昭和二〉年、経済審議会答申）、国立公園協会設立（一九二七〈昭和二〉年）、国立公園調査会設置（一九三〇〈昭和五〉年、閣議決定）、鉄道省に国際観光局設置（一九三〇年。現在の国土交通省観光庁のルーツ）と相次いで関連施策が講じられている。

不況対策の一環として一九三一（昭和六）年に制定された「国立公園法」による国立公園とは、当時の「選定方針」によれば「世界の観光客を誘致できる魅力を有する」「日本を代表する自然の大風景地」とされた。すなわち、制度の目的は、外国人観光客を誘致するための「国立公園ブランド」を付するものでもあった。

もちろん、国立公園の誕生の背景には、決して外貨獲得の観光政策や地域振興だけではなく、土地所有にこだわらず、民有地も包含した日本型の公園制度が考案されるなど、長年の懸案が解決したことも大きかった。さらに、明治時代の志賀重昂（しがしげたか）『日本風景論』（一八九四年初版）にも連なるナショナリズムあるいは郷土意識があったことも無視できないことを付言しておく必要があろう。

米国型の国立公園では、公園管理者が土地を所有して公園専用地域として管理し、歩道整備や利用者指導はもとより、盗伐の取り締まりなど警察の仕事や森林火災など消防の仕事も含まれている。このような制度を「営造物制」というのに対し、日本のように公園内に民有地なども含み、公園目的以外の土地利用もなされている制度を「地域制」という。

地域制の国立公園では、自然環境を保全するため、民有地内といえども、樹木伐採や建築などの自然改変を規制（公用制限）する手法を採っている。この地域制は、保安林や都市計画地域地区などで広く採用されている。

日本の国立公園管理では、警察や消防の仕事はそれぞれ地域の警察署や消防署が担うだけではなく、公園利用施設の整備や清掃なども地元自治体や観光団体などの協力を得る「協働管理」が行われている。一方、第二次世界大戦前に制定された「国立公園法」下では、国立公園指定に際して国立公園委員会の意見を聴くだけで、自治体や土地所有者の同意は必要なかった。戦後の一九五七（昭和三二）年に「自然公園法」に改正されてもなお、法律上は審議会と関係都道府県の意見を聴けば足りることになっている（実態は、知事から市町村長への意見照会などの手続きの過程で、地域の意見が極力反映されるよう運用されている)。

国立公園制度創設期には、「国立公園ブランド」をめぐって全国の自治体や観光関係者が、国立公園指定の陳情合戦を繰り返した。しかし、国立公園が日本の自然環境保全の中心的制度として管理されるようになると、行為規制の強化に反発した一部地元からは指定解除の陳情が繰り広げられるようにもなった。現在は「世界遺産」でも、そのブランドを得るべく、招致活動が全国各地で繰り広げられている。一方で、その過程でも遺産登録による規制強化を懸念する地元関係者などからは、「登録反対」の声が上がる(第四章1節参照)。

第三回世界国立公園会議(一九八二年バリ島)で、日本の国立公園の概況を発表した私に欧米の参加者から質問が相次ぎ、ホテルの部屋にまで訪ねてくる人もいた。会議出席の報告記事(『国立公園』三九八号、一九八三年)で、「これが単に情報量の少ない神秘の国に対しての好奇心ではなく、日本の地域制公園制度の体験・実績が役に立つ日が来るとの期待が世界にはあるものと信じたい」と記した。今にして思えば、「地域住民との協働」思想に目覚めた欧米人にとって、日本の国立公園は先進的に映ったのかもしれない。

国立公園における地域住民、地域社会との関係は、米国や途上国だけではなく、日本でもなお追究すべき課題である。明治時代の近代化確立の過程では、林野の土地所有をめぐって入会地など地域社会の慣行と所有権との乖離があった。一部には、日本は「協働管理」の先進国との評価もあるが、日本の協働管理の経験は、保護地域内に民有地を包含せざるを得なかったという実情から生じたものでもある。いずれにしろ、国際開発援助の場面では、日本は協働管理の先進国であると手放しで誇り、他国に押し付けるような態度は慎むべきであると考える。

2 地域社会と観光

†植民地とサファリ観光

南アフリカ共和国のクルーガー国立公園は、モザンビークとの国境に沿って南北三五〇キロメートルに及ぶ広大な国立公園だ。公園内には、ゾウ、ライオン、サイ、バッファロー、ヒョウのいわゆるビッグ・ファイブをはじめとする一四七種に上る哺乳類と五〇七種の鳥類などの野生動物が生息している。クルーガーは、小規模な野生動物保護区として一八九八年に指定されたのが始まりであり、一九二六年には南アフリカで最初の国立公園として国立公園局によって管理されるようになった。

公園指定当時は、ヨーロッパの植民地としての人種差別政策（アパルトヘイト）と、狭義の保護政策である米国型（イエローストーンモデル）の保護地域として、先住の地域住民（黒人）は区域から追放され、植民地支配の白人がサファリ（狩猟・探検旅行）を楽しむ場

サファリの舞台サバンナ草原（ナイロビ国立公園・ケニア）

入園料も徴収される国立公園ゲート（クルーガー国立公園・南アフリカ）

所でもあった。唯一公園内に留まることが許された黒人は、低賃金のサファリ関連労働者のみだった。

一方で、最近では、地域住民の利益と持続可能な資源利用を組み入れた保全についての新たな考え方により、公園当局は先住民の地域社会と連携をとることに力点を置くようになってきた。クルーガー特有の動物観察の観光利用の発展と地域社会の経済的発展の両立も期待されている。クルーガー国立公園には年間約一八〇万人の利用者（二〇一七年）があるが、そのほとんどは白人住民と外国人観光客で、いわゆる黒人住民は三五％ほどに過ぎない。これらの利用者の入園料は、公園管理上も重要な収入となっている。

公園内での動物観察のためには、ライオンなど猛獣からの危険防止のためもあって車両利用が必須である。観光バスやマイカーからの観察も可能であるが、やはり熟練したガイドの案内があればより多くの動物を見て説明を聞くことができ、それだけ感動も大きい。護身用ライフルを携行する許可を受けた専用ガイドによる昼間ウォーキング（歩行）ツアーやサーチライト車両からの夜間ツアーも実施されている。一般的な車両からの観察とは一味違った一層感動的な体験ができ、付加料金を払っても成果は余りある。

また、宿泊施設は、伝統的な住居様式を模したコテージ群やキャンプサイトなどが一二カ所ほど用意されている。多くのコテージは、エアコン（冷房）完備のいわゆるスタジオタイプ（ベッドとリビング・キッチン、シャワールームが一セット）で、キッチンには冷蔵庫や食器・炊事用具などが備え付けられている。また、これらのコテージ群には、レストランやみやげ物店、観光インフォーメーションデスクなどもある。

地元住民は、こうしたサファリ（動物観察）型観光で様々な業務に従事している。公園利用の発展は、かつて公園から追放された地元住民に雇用の機会を創出し、地元社会にも経済的発展をもたらすものとなる。

公園当局は地域社会の公園管理などへの参加・協働を幅広く働きかけている。公園管理計画では、管理にあたって地域社会の意見を聴くこととされている。公園当局は、特に公園境界に隣接する集落の部族長、教育者、若者リーダーなどを公園管理に巻き込むための会合をNGOとともに開催している。また、公園を訪れたこともない地元学校生徒の教育支援プログラムとして、公園内での野外教育も実施している。公園地域は二二担当区に区分され、二五〇人のレンジャーが管理しているが、このレンジャーと地域社会との連携も重要である。

†エコツーリズムの誕生

自然の保護と地域社会の生活の安定との両立を図る手段として、近年「エコツーリズム」が注目を浴びている。国立公園とは、そもそも自然を保護しつつレクリエーション利用などに供する場として設定されたもので、米国のレンジャー（国立公園管理官）やビジターセンターに代表されるような自然解説も伴うものであった。

しかし、米国の国立公園誕生や植民地に導入された国立公園設定の過程では、前述のとおり、先住民などの伝統や生活を無視し、公園区域から強制退去させることもあった。そのため、住宅建材（木材）、燃料（薪炭）や食料、薬草など公園内の自然資源に依存して生活していた人々は、レンジャーの目を盗んで資源採取を繰り返し、公園管理と違法採取のイタチゴッコが続いた。こうして、公園内の自然資源に依存して生活していた人々と公園管理者との軋轢が生じた。

また、かつての自然保護のための援助プログラムは、社会経済的な開発の促進と保護地域の自然を損なわないような方法による地域住民への現金収入により、保護地域全体としては自然保護を達成しようとするものだった。しかし、そこでのサファリや自然観察のための仕組みは、ややもすると大規模な観光開発に発展することもあった。

こうしたマスツーリズムや地域社会対応への反省もあり、「持続可能な開発」の概念を提唱した世界保全戦略（WCS／World Conservation Strategy。国際自然保護連合など一九八〇年。第四章2節参照）、およびこれを受けて開催された第三回世界国立公園会議（一九八

エコツーリズム先進国コスタリカでの自然解説（サラピキ自然保護区・コスタリカ）

二年バリ島）などを経て、「持続可能な観光」の概念と、地域社会を尊重した保護地域と経済発展を結び付ける考え方が徐々に形成され、「自然ツーリズム」や「コミュニティベース・ツーリズム」といった用語が誕生した。

現在広く使用されている「エコツーリズム」の用語は、一九八三年に誕生した。さらに、第四回世界国立公園会議（一九九二年カラカス）において、自然保護と地域社会発展の統合の手段として明確に位置付けられた。エコツーリズムによる地域社会の経済性向上によって、保護地域内の自然資源に依存する生活からの脱却を図り、また住民が自然の価値を再認識することで、自然保護を保証しようとするものである。すなわち、エコツーリズムは、国立公園ガバナンスの文脈では、先住民や地域住民を追放して国立公園専用地域として管理する米国型国立公園管理（イエローストーンモデル）やマスツーリズムへの反省とアンチテーゼとして登場したものでもあるのだ。

また、単に地域住民との関係だけではない。多額の国際的負債を抱えた途上国政府を救済する手段としての「自然保護債務スワップ」の実施に際して、途上国の財政基盤を強化するための経済的手段（産業）としての位置付けもある。途上国は、一九八〇年代中〜後期にはエコツーリズムを木材伐採、油脂抽出（アブラヤシなど）、牧畜（放牧）、バナナ園、あるいはマスツーリズムなどよりも、破壊性の少ない外貨獲得の手段とみなすようになった。南アフリカでの研究によると、野生動物を対象にしたツアーは、牧畜（家畜の草地での放牧）よりも一一倍の収入を地域にもたらしているという。

実際、多くの途上国では、エコツーリズムを含む観光産業が外貨獲得のための主要産業に位置付けられていて、なかでも中米のコスタリカはエコツーリズム先進地として有名だ。

†エコツーリズムと地域振興

マヤ文明の遺跡が数多く残るユカタン半島（メキシコ）の先端には、フラミンゴが集まる干潟があり、セレストン生物圏保護区に指定されている。観光ボートクルーズでマングローブの林を抜けると急に視界が開け、ピンク色の靄（もや）が水面に漂っているかのようなフラミンゴの大群を見ることができる。地元住民は、それまでの漁船を改良・新築して観光ボ

フラミンゴ観察のボート（セレストン生物圏保護区・メキシコ）

ートを用意し、さらに日常会話のスペイン語での自然解説の知識だけではなく、観光客向けに英語やフランス語なども学んでいる。村当局も、ボート発券と土産物販売とを兼ねた建物を建設して、エコツーリズムを支援している。

南アフリカ共和国のイシマンガリソ湿地公園（本章1節参照）でも、シヤボンガ・ビジターセンターが公園当局により建設された。センターには、観光客へのインフォメーション提供のほか、エコツーリズム用ボート（クルーズボート）の発券場、ガイドの待機場所、工芸品（クラフト）みやげ売り場とその製作作業場、さらには公園当局の事務所と住民集会場などの機能があり、クーラ村と公園当局との公平なパートナーシップにより運営されている。

このようなエコツーリズムのためのクルーズ運営では、船長、ガイドから券売係などにいたるまで、さまざまな職種が必要とされ、多くの地域住民の雇用につながる。それだけではなく、伝統的な動物木彫りやビーズ編みなどの手作業によるみやげ物製作や宿泊施設(ホテル、コテージなど)における掃除、洗濯、料理作りなども、地域住民に雇用の機会と収入をもたらしている。公園当局や関係NGOは、これらの地域住民の研修(ガイド、クラフト製作など)による支援も実施している。

最近は日本国内でも、各地で「エコツーリズム」「エコツアー」が脚光を浴びてきている。一九六〇年代の高度経済成長期のような、各地でスカイライン(山岳観光道路)を造って自然を破壊する観光開発は鳴りをひそめた。しかし、「エコツアー」そのものが、新たなブランド、観光商品として集客能力をもっているのも事実である。

世界自然遺産地域の屋久島、知床、小笠原などエコツーリズム先進地の各地では、観光客の増加やそれに伴う外来生物(移入種)の侵入などとともに、増加した観光客目当てのにわか仕込みのガイドによる質の低下など、自然破壊にもつながりかねないエコツーリズムとは名ばかりの新たな問題も懸念されている。

エコツーリズムとは、単に人間のための利益、地域社会の収入増加の手段として従来の

「観光」が置き換わったものではなく、①自然や文化を損なわない持続可能な観光利用、②自然や文化の理解・学習、③地域社会の振興、そして④自然および文化と地域社会の双方に利益をもたらすもの、すなわち人間が自然から受けてきた恩恵を自然に対して還元するものと考えたい。

3 植民地の残影から脱却するために

†インドネシアの国立公園

広大な熱帯雨林が次々とアブラヤシ（オイルパーム）のプランテーションに改変されているインドネシア（第一章2節参照）。そのインドネシアは、東西約五一〇〇キロメートル、南北約一九〇〇キロメートルの間（ほぼ米国本土に匹敵）に分布する約一万八〇〇〇もの島々から成る世界有数の島嶼（とうしょ）国で、三〇〇以上の民族、世界第四位の約二億六〇〇〇万人の人口を有している。この多様な民族とその文化を融合して統一国家としているインドネシアの国是は「多様性の中の統一」だ。

民族・文化のみならず、これを育んできた自然も変化に富んでおり、マングローブ林、低湿地から高山帯にいたる森林まで、多様な生息・生育環境、生態系を有している。さらに、東南アジアとオセアニアの生物相の接点にも位置することから、それぞれの地域に多数の固有の生物種を有している。その境界線は、バリ島とロンボック島の間からスラウェシ島にかけて通過しており、この事実を発見したイギリスの博物学者A・R・ウォーレスにちなんでウォーレス線と呼ばれている。こうした地理的特性により、インドネシアはアマゾンなどとともにメガダイバーシティとも呼ばれる世界でも有数の生物の多様性に富んだ地域となっている。まさに、文化と自然の多様性こそが、インドネシアの国力であり、魅力の源泉ともいえる。

インドネシアの国立公園は、一九世紀に始まったオランダ植民地時代（第一章1節参照）に導入された米国型国立公園を基調としている。植民地時代には、「土地法」（一八七〇年）により、所有権の立証されない土地は国有地として管理された。一九四五年の独立後においても、「土地基本法」（一九六〇年）やその後に制定された「林業法」（一九六七年）、さらには現行の一九九九年「森林法」で、所有権の確定していない森林は国有地として林業省（現在、環境林業省）が管理することとなった。

一九八〇年には、法律上の規定はないものの農業大臣権限によってグデ・パンゴランゴ国立公園など五カ所の「国立公園」が指定された。国立公園が法律により正式に位置づけられたのは、一九九〇年の「生物資源および生態系保全法」制定からだ。前述の森林土地帰属政策により、インドネシアの国立公園は、国有地（国有林）に設定された公園専用地域として管理されることとなった。すなわち、公園地域内での居住はもちろん、生物資源利用も違法であり、地域社会を排除した統治的な管理が行われた。しかし実際には、地域住民は公園指定前から公園内に居住し、あるいは慣習林として公園内の生物資源を採取して生活してきており、これを禁止する公園管理者との間で対立も生じた。

†地域社会と協働管理の胎動

その誕生時から公園管理者と地域住民との対立が内在化していたインドネシアの国立公園だが、同時に世界的な先住民や地域社会を重視するトレンドにも呑み込まれた。一九八二年にバリ島で開催された第三回世界国立公園会議では、保護地域と地域社会の両立などを謳った「バリ宣言」も採択され、一九九〇年代には先住民や地域社会などを重視する考え方も導入された（本章1節および第四章2節参照）。

国際協力機構（当時は、国際協力事業団。ＪＩＣＡ）による「生物多様性保全プロジェクト」の対象となったグヌン・ハリムン国立公園（一九九二年指定、プロジェクト開始当時：面積約四万ヘクタール）では、国立公園管理事務所とリサーチ・ステーションが整備提供され、公園管理計画の策定やエコツーリズムなどの技術協力が実施された（第四章2節参照）。この公園地域には、指定前から住民が居住する集落や広大なティー・プランテーションと製茶工場、さらには金鉱山まであった。

その後二〇〇三年にはサラック山地域が拡張され、名称もグヌン・ハリムン・サラック国立公園に改称されて、面積は一一万三〇〇〇ヘクタールとなった。この拡張に伴い、さらに多くの集落や耕作地などが公園内に含まれることとなった。拡張前からのものも合わせ、公園内には三〇〇以上の集落、一〇万人以上が居住しているといわれている。

インドネシアにおける国立公園内の土地は基本的には国有地であるが、現実には公園内あるいは公園周辺集落に居住する住民が、薬草や薪炭を含めた多くの公園内自然資源に依存した生活をしている。いくら法律に違反しているとはいえ、公園指定時以前から居住しているすべての地域住民を公園地域内から退去させるのは困難だ。こうした背景をもとに政府は、二〇〇四年には「自然保存地域および自然保全地域の協働管理に関する大臣規

第三回世界国立公園会議バリ宣言（1982年）の表紙

則」により、公園指定前から居住している集落などを「モデル保全集落（MKK／Model Kampung Konservasi）」（以下、MKK集落）として指定し、住民との協働を目指す政策に転換した。

国際援助団体や現地民間団体の援助も受けたMKK集落プロジェクトでは、チョウジなど有用樹種の植林、トウガラシや砂糖ヤシなど換金作物耕作などにより、経済的な生活基盤の安定を図り、さらに住民自らのパトロールやコリドー（緑の回廊）への植林による自然回復などを通して、自然資源への理解・認識を高める活動が行われている。住民にとっても、これら認められた範囲内の行為のための公園内立ち入りなどには国立公園管理事務所の許可は不要となり、アグロフォレストリー（森林育成と林内での飼育・栽培などを組み合わせた農林業）が認められるなどのメリットがある。これにより経済的な安定が得られ、住民による公園内での自然資源利用が少なくなり、森林劣化の防止と災害防止に貢献

国立公園内の集落（グヌン・ハリムン・サラック国立公園・ジャワ島西ジャワ州）

するものだ。

　それまで対立していた公園当局と地元集落とが協働するというＭＫＫ集落プロジェクトは、国立公園ガバナンスの大きな転換の契機となった。しかし、これはモデルケースを推進するための制度であるものの、依然として公園内の集落住民にとっては、違法状態が続いていることに変わりなかった。これを管理計画制度上においても解消するため、二〇〇六年には「国立公園のゾーニング・ガイドライン大臣規則」によって、地域住民が公園内の動植物などを利用することが可能な「伝統的ゾーン」とともに、既存の耕作地などを「特別ゾーン」として明確に位置付けることになった。

「特別ゾーン」は、国立公園内における地域住民による生物資源利用を認めたばかりか、公園指定前からという制限付きながらも居住まで追認したものであり、それまでのインドネシアでの国立公園管理政策、森林管理政策からすれば画期的な転換ともいえる。この契機となったのは、前述のグヌン・ハリムン・サラック国立公園の拡大にともなう集落や耕作地の公園区域への包含であったが、さらにスハルト政権崩壊後の地方行政法（一九九九年）など地方分権と民主化の流れの影響も大きい。しかし、公園指定前からの居住者であった住民にとっては、公園内の居住と資源利用、すなわち土地利用権をゾーニング計画上で認めてもらったにすぎず、土地所有権の認定を伴う根本的な解決策とは考えられない。

なお、国立公園外ではあるが、先住民により利用されてきた慣習林を九カ所の先住民社会に還元することが、二〇一七年二月にジョコ大統領により宣言された。インドネシアでも、先住民・地域社会への土地返還と協働へ向けて、少しずつ胎動が始まっている。

†多様な管理実態

インドネシアでは、一九九八年にスハルト独裁体制が崩壊すると、急速に民主化が進み、地方分権も拡大した。一九九九年制定の森林法により、森林管理における住民の役割も強調され、慣習共同体による森林管理の権利も一定の範囲で認められ、森林管理権限も地方政府に委譲された。

一方で、国立公園は引き続き政府が管理することとなったが、国立公園内での地域住民による自然資源利用も一部追認されるなど、国立公園のガバナンスも大きく転換し、植民地時代を反映した統治的な管理から世界的トレンドである協働管理へとシフトしてきた。それでも、制度上の整備と実効上の乖離があるのは途上国の常であり、インドネシアにおいても例外ではない。実際には、協働管理とはほど遠い管理が継続されている公園も多い。

ワイ・カンバス国立公園（スマトラ島）は、オランダ統治時代の一九三〇年代から保護地域として指定され、一九九七年に国立公園に指定された。ゾウのトレーニングセンターがあることでも知られており、ゾウの背に乗ってのトレッキングは、観光客の人気も高い。

保護地域時代の一九六〇年代には、移住省により約二〇〇人が現在の国立公園地域に入植して耕作地や学校を含む集落が形成された。しかし、一九八〇年代になると移住省の了解のもと、これらの住民はランプン州北部に強制移住（追放）させられた。また、二〇〇〇年頃には公園外の住民のエンクローチメント（違法侵入）により、約六〇〇〇ヘクタールのシンコン（キャッサバ）畑が不法開拓されたが、これも二〇一〇年八月までにすべて強制退去させられた。こうして現在では、国立公園内には一般住民の居住者はなく、生物資源の利用も認められていない。

ゾウによる公園内トレッキング（ワイ・カンバス国立公園・スマトラ島ランプン州）

しかし、国立公園指定までの間に、人口過剰のジャワ島からの移民やエンクローチメントなどにより、公園地域の実に七五％以上の熱帯林が伐採され、耕作地に変えられてしまった。これらの入植跡地は、現在放置されて徐々に自然回復しつつあるが、最近まで耕作されていたキャッサバ畑など、草地のままの場所も多い。跡地に点在するバリ島移住者の住居跡のレンガ門柱の残骸が、わずかにかつての集落の存在を物語っているが、トレッキングでゾウの背に揺られる観光客には、想像もつかないだろう。

二〇一〇年からは、地域自治体や民間団体の協力も得て、自然回復事業の取り組みが開始されている。一方で、森林の荒廃によって公園内の野生ゾウが公園外の集落を襲う被害も多発している。乾期の餌が少なくなる時期には、集落ではゾウの見張り櫓（やぐら）を立てて夜通し監視し、ゾウが耕作地などに侵入すると村人総出でタイマツで追い払うこともある。また集落と公園との境界では、ゾウが集落に侵入するのを防止するための堀造成が進んでいる。

ブキット・バリサン・スラタン国立公園（スマトラ島）は、世界自然遺産「スマトラの熱帯雨林」にも登録（二〇〇四年）されているバリサン山脈の南部地域で、植民地時代から野生動物保護区に指定されていたが、原生林の伐採などにより「危機遺産」（二〇一一年）となってしまった。

その原因は、エンクローチメントによるコーヒー（ロブスタ種）やコショウの違法プランテーション造成だ。国立公園内には日本の国立公園のように一般国道が通過しており、公園入り口部には標識が設置されて国立公園の周知は十分なされているが、この国道の開通が鬱蒼とした森林へのアプローチを容易にしてエンクローチメントを誘発した。

　国道沿いには天然林が残されているため、一見すると広大な森林が保全されているように思われる。しかし、国道から五〇メートル以上奥に入ると、エンクローチメントにより大径木の森林は皆伐され、違法プランテーションが造成されているのだ。ここで栽培されたコーヒー豆の品質は必ずしも良好ではないが、増量用に先進国に輸出され、違法侵入者の現金収入となっている。

　私たちの衛星画像解析などの研究成果からは、このエンクローチメントにより、最近のおよそ三〇～三五年間で公園内の原生林は半減してしまったことが判明している。公園当局は、警察や国軍との共同パトロールも実施し、公園入り口部には二〇一一年四月末までの期限で不法滞在者への退去命令も掲げたが効果はなく、違法プランテーションの操業が継続されている。現在では、公園外の栽培地への誘導や地元住民の生計を助けることにより公園内への侵入を阻止するための付加価値の高いルアックコーヒー生産（第一章2節参照）、さらには自然林回復のための植林事業に住民を雇いあげて現金収入をもたらす保全プロジェクトなどにより、国立公園への不法侵入を避ける工夫が実施されつつある。また、国際NGOのWWFや日本企業も支援する自然回復とゾウ被害対策のための植林も実施されている。

ジャワ島西部のグヌン・ハリムン・サラック国立公園では、前述のとおり公園指定前から住民の居住や生物資源利用が行われていたが、現在ではMKKプロジェクトなどにより、協働管理が進められている。

これらの管理形態（ガバナンス）の違いによる森林保全効果について、衛星画像解析などにより研究したことがある。これによると、スハルト政権崩壊後の民主化・地方分権化の推進期には、地方分権による森林管理権限移譲の対象となっていないにもかかわらず、国立公園内の原生林が伐採され、二次林やコーヒー・プランテーションに転換されたことが明らかになった。この原因のひとつには、地方分権の推進により政府直轄の森林管理予算が削減され、これによってパトロールなどの管理体制が弱体化してしまったこともある。

さらに、ブキット・バリサン・スラタン国立公園のような建前上の厳しい管理をしようとしても実効が上がらない公園よりも、グヌン・ハリムン・サラック国立公園のように地域住民が伝統的な方法で土地利用している公園の方が、二次林などは多くとも、原生林が皆伐されてコーヒー・プランテーションに変わるような徹底的（ドラスティック）な改変は避けられる傾向にあることが示唆された。なお、研究対象の国立公園では、民主化の時代よりもスハルト政権下の強権的管理の時代の方が、森林が保全されていたという皮肉な結果となった。

国立公園管理のための管理事務所の予算、職員数などには基準があるわけではなく、それぞれの公園の歴史や立地条件などに基づき様々である。エンクローチメントによる森林減少が激しいブキット・バリサン・スラタン国立公園では、職員一人あたりの公園面積が二五〇〇ヘクタールを超えている。これでは、エンクローチメントなどに対して適切な対処は困難であろう。実際、ブキット・バリサン・スラタン国立公園では、ある林班の担当区域一万八四九三ヘクタールのうち五〇%以上がエンクローチメント地となり、そこに約一四〇〇名の住民が居住しているという例もある（二〇一二年、国立公園管理事務所聞き取り調査）。

前述のとおり、スハルト政権崩壊後の地方分権化期には、政府直轄の森林管理予算の削減によるパトロールなどの管理体制の弱体化により、国立公園内の森林も伐採されてしまった。管理事務所の予算や職員数の少なさが、国立公園管理に限界を及ぼしているのは日本の国立公園管理でも同様である。さらには、管理事務所所長の意識の差も管理実態に大きな影響を与えている。

†エコツーリズムと地域住民

グヌン・ルーサー国立公園は、スマトラ島の北スマトラ州とアチェ州の境界に広がる面積約七九万二七〇〇ヘクタールの森林地帯で、一九八〇年に設立された。公園名は、主峰のルーサー山（標高三三八一メートル）に由来する。この公園への観光的なアクセスは、北スマトラ州の州都メダンからが便利だ。ブキット・ラワン地区には、川沿いに小規模のホテルが立ち並んでいる。

スマトラゾウ、スマトラトラ、スマトラサイなど大型野生動物の宝庫でもあるスマトラ島は、インドネシアでカリマンタン島（ボルネオ島）と並ぶオランウータンの生息地でもある。しかし近年、急速なオイルパーム・プランテーションの拡大による森林伐採やペットとしての密猟などにより、命を落としたり、傷を負ったりするオランウータンも数多い。公園内には、こうしたオランウータンの保護リハビリ施設がある。

公園に隣接（ほとんど公園内）のエコ・ロッジは、ガイド案内の拠点にもなっており、オランウータンなどの動物観察に便利だ。国立公園内を散策するには、地元ガイドの案内が義務化されている。ガイドによるいわゆるエコツアーでは、公園内に生息するさまざまな動物を見ることができるが、残念ながらスマトラサイやスマトラトラを見ることは困難だ。ガイド料金には、公園の入園料金も含まれている。ガイドは、入園料金を公園管理事務所に納める仕組みだ。こうした地元ガイド案内の義務化は、公園当局にとっても、雇用の機会を得る地域住民にとっても、双方にプラスになるウィン・ウィンの関係でもある。

有名なバリ島東隣のロンボック島北部にそびえるインドネシア第三位の高峰の火山リンジャニ山（三七二六メートル）を中心とするグヌン・リンジャニ国立公園では、国立公園当局と地元住民との協力による登山者からの運営協力金徴収の仕組みが整いつつある。

リンジャニ山地元住民ポーター（グヌン・リンジャニ国立公園・ロンボック島）

グヌン・リンジャニ国立公園は、一九九七年に国立公園に指定され、現在の面積は四万一三三〇ヘクタールである。山全体は亜高山性の熱帯林から高山植生、サバンナなどの植生タイプに覆われているが、山頂域は火山礫に覆われ、エーデルワイスの一種をみることができる。エボニー・リーフモンキー、ホエジカ、センザンコウ、カンムリワシなど、固有種を含む多くの動物も生息している。山頂クレーターには、大きな火口湖であるセガラ・アナク湖がある。水面標高は約二二〇〇メートルで、硫黄分を含んでいる。また、湖近くには、温泉が川となって流れ出ており、登山者は温泉浴気分を味わうこともできる。

リンジャニ山は、地元住民から聖地として崇められてきた(第四章1節参照)が、現在ではトレッキングコースとしてインドネシア各地からの若者だけでなく、世界中からのトレッカーを魅了している。ここでは、国立公園当局と地元住民とで、地元社会への利益還元と自然保護のためにリンジャニ・トレック管理委員会を立ち上げ、リンジャニ・トレックセンターを運営して情報提供などを行っている。登山(入山)のためには、国立公園入園料のほか、このトレックセンター運営協力費を支払い、地元ガイドあるいはポーター(荷物運搬)を伴わなければ登山できない規則となっている。運営協力費は、清掃や遭難救助などに充てられている。

エコツーリズムによる地元経済への恩恵は必ずしも十分ではない。中央カリマンタンのタンジュン・プティン国立公園では、オランウータン観察のために訪れる外国人旅行者からの収入が低所得の地元経済をいくらかは潤しているが、大半は、ボート業者、ホテル、旅行代理店など少数に集中し、残りが売店や地元ガイドなどに分配されている。コモド国立公園でも、利用者の増加にもかかわらず、利益の多くは地元以外の資本に流れており、さらなる地域住民の雇用、土産物製作販売やガイドなどによる地元還元が望まれている。

世界遺産にもかかわらず伐採などが進んで危機遺産となってしまったスマトラ島の熱帯

雨林。グヌン・ルーサー国立公園は、オランウータンなど絶滅の危機に瀕する動物たちの最後の拠点「ノアの方舟」のひとつになってしまった。また、人々の生活を見守り、多くの恵み（山の幸）を与えてくれるリンジャニ山は、地元の人々の信仰の対象であり、聖なる場所でもあった。いつまでもこの熱帯雨林や聖なる山を汚すことなく、エコツーリズムによって、国立公園の利用と地元の人々の生活が続くことを祈りたい。

第三章

便益と倫理を問いなおす

約二〇万年前に誕生した私たちホモ・サピエンス（現生人類）は、自然を食料、さらには衣服や建材、燃料、医薬品などとして利用し、時には改変・破壊さえも行ってきた。農業が開始されたおよそ一万年前には、植物の種子をまいて作物を育て、野生動物を家畜化し、あるいはペットとして飼い慣らした（第一章3節参照）。一方で、自然に畏敬の念を持ち、そこに神の存在を信じてもいた。自然信仰（アニミズム）が成立したのは、人類の歴史上普遍的でもあった。

本章では、私たちの生命を支える資源でもあり、私たちと同じ生命体でもある生きものや自然と人間との関係を、生物多様性をめぐる便益と倫理から再考察する。第一節では、古来の人間と生きものの関係の例示として、信仰対象でもあったオオカミと人間、食糧をはじめ多様な資源を提供してくれた捕鯨問題、そしてアニメ『もののけ姫』での森の生きものと人間との象徴的な関係についてみてみる。第二節では、資源としての過剰利用、あるいは害を与えるものとしての駆除など、人間の都合によって絶滅の道を歩む生きものの姿を通じて、生物多様性の意味、人間と生きものとの共存の必要性などを考える。

1　生きものとの生活と信仰

†オオカミ信仰

古代の狩猟採集時代から人類に飼い慣らされ、最初の家畜ともいわれる犬。生きものと人間との関係を考えるにあたり、まずは犬の祖先であるオオカミからみてみよう。

標高およそ一一〇〇メートルの地は霧深く、神社参道入口の「三ツ鳥居」の両脇では、狛犬というよりも精悍（せいかん）な狼（山犬）が出迎える。さらに奥の「随身門（ずいしんもん）」（仁王門）でも狼が。このように、境内のあちこちに狼が鎮座している秩父の山奥、三峯（みつみね）神社（埼玉県秩父市）では、お札（ふだ）も狼だ。伝説によれば、日本武尊（やまとたけるのみこと）が東征の途中で創建し、周囲を囲む白岩山・妙法ヶ岳・雲取山の三山から三峯の名となったという。

三峯神社では、ご眷属（けんぞく）、すなわちお使い神としてお犬様を信仰している。日本武尊が奥深いこの地に足を踏み入れた時に道案内をしたのが山犬で、その忠実さと勇猛さによってご眷属に定められたという。しかしそれだけではない。オオカミがこのように信仰対象となったのは、山の樹や畑を荒らすシカやイノシシなどの害獣を追い払う益獣と考えられたからだ。ご眷属のお犬様は、大口真神（おおくちのまがみ）として崇められたし、そもそもオオカミの名も大口真神の大神から由来しているともいわれる。三峯神社だけではなく、奥多摩の武蔵御嶽（むさしみたけ）神社（東京都青梅市）など、甲州から関東一円で信仰されてきた。

四谷の住人が寄進した三峯神社のオオカミ像（埼玉県秩父市）

　三峯神社本殿脇には、私の生家もある江戸・四谷（現、東京都新宿区）の住人が奉納した一対の狼像が鎮座している。はるばる江戸市中から秩父の山奥にまで参詣したのは、単に魔除けなどのご利益だけではなく、今日の観光的な意味合いもあるかもしれない。しかし、奉納者自身は意識していないだろうが、オオカミが生息する源流部の森林を守ることは、下流の江戸の人々にとっては洪水を防ぎ、飲料水を確保することにもなったのだ。

　本州・九州・四国に広く生息していたニホンオオカミは、明治末期に奈良県の吉野山中で捕獲されたのを最後に絶滅したといわれている。この最後の雄のニホンオオカミの剥製標本は、ロンドンの大英自然史博物館に収蔵されている。一九〇五（明治三八）年一月二三日、奈良県小川村（現在の東吉野村）鷲家口でマルコム・アンダーソンという若い米国人が猟師から八円五〇銭（現在価格で約一七万円）で買い求めたものだ。彼は、ロンドン動物学会と大英博物館が東南アジアに派遣したたった一人の動物学探検隊員だった。

　北海道でも、一八九六（明治二九）年に毛皮が輸出された記録を最後に、エゾオオカミが絶滅したと考えられる。しかしニホンオオカミが最後に捕獲された紀伊半島山間部には、現在でもオオカミが生息している、ということを信じて探索している人々が、時々テレビ番組などで取り上げられたりもする。

オオカミ絶滅の原因には、毛皮採取の狩猟のため、家畜を襲う害獣駆除のため、ジステンパーなど伝染病のため、森林開発による生息地縮小のため、などいくつかの原因があげられる。ひとつの原因ではなく、これらの複合とも考えられるが、真相は不明だ。

エゾオオカミの剝製（画像は北海道大学植物園・博物館による。北海道札幌市）

絶滅したニホンオオカミだが、もし新たに発見された場合には、確認のための種の同定が必要となる。その国際基準となる標本（タイプ標本）があるのは日本ではなく、ライデン（オランダ）の国立自然史博物館（現、ナチュラリス生物多様性センター）だ。江戸時代にこの標本を日本からオランダに送ったのは、シーボルトだった（第一章1節参照）。

†駆逐か共生か

オオカミなどの肉食動物（消費者）が草食動物を食

べ、その草食動物は草などの植物（生産者）を食べ、そして肉食動物の死骸は土壌生物など（分解者）によって植物の栄養となる。これを「食物連鎖」や「生態系ピラミッド」というのは、生物の教科書などでもおなじみの図だ。かつての日本では、オオカミがピラミッドの頂点に君臨していた。そのオオカミの絶滅によって、森林では生態系も大きく変化した。その象徴的な現象が、シカの個体数増加、分布域拡大と林木食害の増大だろう。

近年のシカの増加には、地球温暖化による降雪量減少の結果、冬期でも雪に足を取られることなく移動することができ、また餌となる植物も豊富であることなどの影響が大きい。しかし、天敵であるオオカミの絶滅も無関係ではないだろう。温暖化の影響でシカが増加しても、天敵の存在があれば、一定の個体数コントロールがなされるはずだ。個体数が増加し、冬期には比較的雪の少ない平地に移動するシカの群れによって、日本各地で林木の樹皮食害による枯死や高山植物などの食害が問題となっている（本章2節参照）。

日光国立公園では、有名な霧降高原のニッコウキスゲの大群落がシカの食害で絶滅寸前になってしまった。植物群落全体をネットで囲んだり、シカを追い払ったりと、絶滅を回避するための努力が続けられている。戦場ヶ原でも、特別保護地区の戦場ヶ原にシカが侵入し、貴重な高山植物などを食べ荒らしている。

このため、シカが侵入しないように、戦場ヶ原全体をフェンスで囲んでいる。フェンスの外側（戦場ヶ原の周囲）は、シカによって林床のササや草が食われて裸地になっている。それに対して、内側（戦場ヶ原側）は、シカに食われないために緑が残っている。その差は歴然としている。しかし、ネットの破れ目などからシカが戦場ヶ原内に侵入することがある。餌としての草の少ない時期には、シカは下あごの歯で樹木の樹皮を下からめくりあげて食べる。周囲すべての樹皮を剝がされた樹木は、栄養や水分の移動ができなくなり枯死する。日光を始め全国各地の森林では、樹皮の食害防止のため幹にネットを巻き付けられた樹木が多くみられる。

尾瀬国立公園でも、やはりシカによる貴重な植物の食害が問題となっている。ニッコウキスゲなどは食べられてしまうが、一方で毒素があるといわれるコバイケイソウはシカが食べずに繁茂している。シカが尾瀬沼や尾瀬ヶ原に侵入しないように、周囲をネットで囲い、登山道にはシカの蹄（ひづめ）が滑って侵入しにくくするための鉄板（グレーチング）が設置されている。

こうした生態系の管理、およびシカやイノシシなどによる農林業被害軽減のためにも、オオカミ復活が必要だとの主張もある。実際、世界最初の国立公園であるイエローストーン国立公園（米国）のオオカミ再導入は、生態系管理の実験としても有名だ。

家畜を襲うとして駆除されたオオカミは、全米各地で絶滅していった。一九二六年には、イエローストーン国立公園で最後のオオカミがラマー渓谷で駆除された。それから半世紀後の一九七三年に成立した「種の保存法（ESA）」により、オオカミは根絶の対象から回復の種へと大転換された。一九九五年一月に、地元の強い反対を押し切って、カナダで捕獲された三一頭のオオカミがイエローストーン国立公園に再導入され、増えすぎたエルク（シカ）による生態系の荒廃から再生しようとしている。ドイツなどヨーロッパ各地でも、オオカミの復活が実現しているという。

イエローストーン国立公園でのオオカミ再導入でも激しい論争があったが、オオカミの復活による人間活動への負の影響を懸念する声も大きい。イエローストーン国立公園では現在のところ、オオカミ分布域は公園内外の広大な国有林に限定されていて、農業地帯への拡大の見通しはない。

日本でのアジア大陸からのオオカミの導入に対しては、さまざまな懸念や疑問の声もある。しかし、ニホンオオカミ協会会長の丸山直樹（東京農工大学名誉教授）によれば、日本のオオカミはアジア大陸のオオカミ（ハイイロオオカミ）と同種であり、導入しても外来種による遺伝子攪乱（かくらん）には該当しないという。また、意外と臆病で人間を襲うこともほとんどなく、日本の家畜飼育状況では家畜を襲うことも考えられないという。

オオカミは、生態系の食物連鎖の頂点に君臨する肉食動物だが、人間との接触も古く、人間が最初に飼い慣らした野生動物ともいう。狩猟犬やペットといった家畜として飼育され、オオカミと犬のDNAは九八・八％が同一だそうだ。日本でも縄文時代には既に、オオカミを飼い慣らした縄文犬と呼ばれる犬がいたようだ。また、古代から信仰の対象ともなり、奥多摩や秩父などでは、前述のとおり魔除けや獣害除けの霊験として信仰されていた。古代から人間と共生してきたオオカミ。その関係が狂ったのはいつからだろうか。

米国の捕鯨と小笠原

団塊世代の私には、学校給食での片栗粉の半透明の白い衣に包まれた琥珀揚げ（竜田揚げ）やスライスされた白い脂身の縁がピンクに染色されたベーコンなどのクジラ献立の記憶が鮮明だ。日本人とクジラとの関係は、縄文時代にまで遡り、北海道南部の遺跡群や青森県の三内丸山遺跡からは、クジラやイルカの骨が多数発掘されているという。日本各地で行われていたクジラの捕獲だが、一六～一七世紀の室町時代末期から江戸時代初期には捕鯨技術も進歩し、太地（現在の和歌山県内）などでは組織化された捕鯨も行われるようになった。

一方、欧米諸国でも、米国の小説家ハーマン・メルヴィルの『白鯨』（一八五一年）に描かれているように、かつては捕鯨を行っていた。クジラのヒゲは、中世以来女性の下着やコルセットの芯にも使用されてきた。また、龍涎香（りゅうぜんこう）はマッコウクジラの腸内で生じた結石状の物質で、香料として古来珍重され、高級香水などに使用されてきた。鯨油は、家庭のランプや街灯などの燃料やローソクの原料など、主として照明に利用されていた。

特に独立後間もない米国では、捕鯨は主要な産業のひとつでもあった。マッコウクジラを追って太平洋に進出した米国捕鯨船だが、数カ月に及ぶ航海での飲料水や食料、燃料の補給は不可欠で、ハワイが補給基地となった。さらには、無人島だった小笠原諸島も捕鯨船の寄港地となった。

咸臨丸乗組員の墓（東京都小笠原村父島）

東京から南へ一〇〇〇キロ以上隔てた小笠原諸島は、火山活動によって成立した絶海の孤島で、大陸とは一度も陸続きとなったこともなく、成立当初には生命は存在しない島々だった。その島々に、三つのW、すなわち波（wave）、風（wind）、鳥（翼／wing）によって運ばれてきた植物や動物は、独自の進化を遂げた。小笠原の固有種の多くは、学名、和名にボニンやムニンの名を冠しているが、これは「無人島」（「ぶにんしま」「ボーニン・アイランド」などとも呼ばれていた）に由来している。このように独自の進化を遂げた自然を有する小笠原諸島は「東洋のガラパゴス」とも称され、二〇一一年に世界自然遺産に登録された。

その無人島に最初に住み着いたのは、一八三〇年にハワイ諸島から移住してきた二十数名だった。捕鯨船の寄港や移住の情報を得た江戸幕府は危機感を覚え、日本初の太平洋横断を成し遂げた咸臨丸で領土保全のための開拓調査隊を派遣した。先住の欧米の人々に日本領土宣言をしたのは、通詞（通訳）として乗船していたジョン万次郎（中浜万次郎）だった。万次郎自身も、漁船の難破後に捕鯨船船長に助けられて米国に渡っていた。父島には、咸臨丸乗組員の墓が現在でも残っている。周縁の島々で近隣国との領土問題が発生している現代、江戸幕府の対応には目を見張るものがある。

黒船（米国東インド艦隊軍艦）で日本に開国を迫った人物として知られるペリー提督も、琉球から浦賀へ入港（一八五三年）する前に、父島に立ち寄って上陸している。米国が日本に開国を要求したのは、単に産品の通商（貿易）のためだけではなく、捕鯨船のための補給基地確保の意味合いも大きかった。さらに、日本での植物採集も目的のひとつだった（第一章1節参照）。

日本に開国を迫るほど隆盛をみた米国の捕鯨は、主に鯨油獲得のためだった。しかし、ペンシルバニア州タイタスビルでの油田発見（一八五九年）などによる石油価格の下落に伴い、鯨油需要は落ち込んだ。一方で、銛(もり)打ち銃の発明(一八六八年)や船の改良、母船式捕鯨などにより、クジラの乱獲が始まり、主要漁場は南極海に移っていった。シロナガスクジラの捕獲頭数増加を背景に、クジラ資源管理のためのジュネーブ条約も締結され(一九三一年)、第二次世界大戦後には国際捕鯨委員会(IWC)が設立(一九四八年)され、現在にまで至っている。

†捕鯨をめぐる文化と倫理

一九六〇年代後半から七〇年代前半にかけて、国際的に野生生物の保護がクローズアップされ、米国はその最先端だった。捕鯨においても、米国は世界最大の捕鯨国だったが、環境保護NGOの影響もあり、一九七二年以降はクジラの商業利用を禁止して世界で最も急進的な反捕鯨国へと転換した。ストックホルム(スウェーデン)で開催された「国連人間環境会議」(一九七二年)では、一〇年間の捕鯨禁止を求めた米国の提案が、圧倒的多数で採択された。国連人間環境会議での捕鯨禁止決議は強制力を持たなかったが、米国はその後もIWCにおいて商業捕鯨停止を提案し続けた。その後、多数の反捕鯨国の加盟などもあり、商業捕鯨のモラトリアム(一時停止)が決議され(一九八二年)、世界の潮流は反捕鯨へと傾いていくとともに、日本、ノルウェーなどの捕鯨国との対立が深刻化した。

日本と欧米の反捕鯨国との対立の根底には、クジラ利用の伝統の差があるといわれる。すなわち、欧米諸国（と一括りにはできないが）のクジラ利用は鯨油採取のためであり、そのための皮と骨以外の九〇％を占める肉の部分は海洋投棄されるが、日本ではクジラの全てを余すことなく利用してきた伝統があるというものだ。

ただし欧米諸国でも、エスキモーやイヌイットなどの先住民族は鯨肉食を伝統文化としており、捕鯨モラトリアムにおいても「先住民生存捕鯨」として捕鯨が認められている。また、鯨油も、灯油やローソクだけではなく、近現代では工業用潤滑油、マーガリン、石鹸、ダイナマイト、さらにはクレヨンやクリームなど幅広い製品の原料ともなっている。

欧米の反捕鯨国が主張するのは、クジラ個体数の減少による絶滅の危機だ。クジラ捕獲数管理の動きは、一九三〇年代からあった。しかし当時の規制は、捕獲数の増大による鯨油価格下落防止への対応のためだった。その後も、オリンピック方式と呼ばれるシロナガスクジラを基準とする総量規制管理（ＢＷＵ方式）が実施されたが、むしろシロナガスクジラ以外の乱獲が促進されるという皮肉な結果となった。

その後、前述の商業捕鯨モラトリアム決議により、日本は南極海での商業捕鯨から撤退して、調査捕鯨を開始（一九八七年）した。日本市場に出回っている鯨肉には、この調査捕鯨で捕獲されたものも含まれていたため、姿を変えた商業捕鯨との批判が付きまとった。

さらに、高等な哺乳類であるクジラを殺戮することに対する倫理的な反対論も根強い。つまり、人類生存のための資源利用としての観点から、人類と同じ哺乳類、生きものとしての観点へと移行してきたということだ（第五章参照）。一方で、捕鯨に反対する人々も家畜やクジラ以外の野生鳥獣を食肉に供していて、反捕鯨の理論と矛盾するのではないか、という反発が特に日本人には根強い。

長年にわたる商業捕鯨再開の提案が、二〇一八年九月のＩＷＣ総会で否決された日本は、二〇一九年六月三〇日にＩＷＣを脱退した。脱退により、南極海での調査捕鯨実施も不可能となったが、伝統ある捕鯨文化とクジラ産業を保護するためとして、翌七月一日から日本の排他的経済水域（ＥＥＺ）内での商業捕鯨を三一年ぶりに再開した。対象は、日本が資源枯渇はしていないと主張するミンククジラ、イワシクジラ、ニタリクジラの三種だ。

日本で戦後の貴重なタンパク源だった鯨肉食は、一九六〇年代には年間二〇万トン（国民一人当たり二キログラム）以上あったが、近年では年間三〇〇〇～五〇〇〇トンに減少している。私も大学生の頃に東京・渋谷の鯨肉専門店で鯨肉のすき焼き（鯨すき）を食して以来、鯨肉は口にしていない。鯨肉の確保は、今の時代には商業捕鯨再開の大義名分にはならないのではないだろうか。

魚類と同じような食材と考えられてきた日本の鯨肉食。いくら伝統があるとはいえ、日本の商業捕鯨に先住民生存捕鯨規程が適用されるとは考えられない。一方で、クジラと同じ哺乳動物を家畜として、あるいはジビエとして食材にする欧米諸国。倫理観も含め、それぞれの文化の違いによる捕鯨・反捕鯨の二項対立とすべきではない。

また、クジラの種類によっても、生息数とその増減に差がある。これを一律に捕鯨規制するのも、絶滅危惧論からは無理がある。近年では、クジラの資源としての捕獲利用から、小笠原などで実施されているホエールウォッチングなど見る対象へ移行すべきとの考えも強くなってきた。

捕鯨問題は、純粋に人間対生物の関係、すなわち生命倫理など、あるいは文化多様性の問題にとどまらない。米国がＩＷＣでモラトリアムを提案したのは、ベトナム戦争による環境悪化から目をそらすためという説もあるが、それだけではなく、一九六〇年代の公民権運動や反戦運動に代わる新たな目標としての地球環境問題のひとつのテーマでもあった。

また、自国の意見が認められないからといってＩＷＣ脱退を決定した日本政府の態度は、自国の利益にならないとして生物多様性条約を批准せず、また地球温暖化防止のための京都議定書やパリ協定から脱退した米国と、さらには満州からの撤退勧告を不服として国際連盟から脱退（一九三三年）した戦前の日本政府の姿と重なるところがある。

捕鯨をめぐる意見対立は、欧米諸国と日本といった国際間での協調問題、さらには生物と人間との共存・共生を考える上での象徴的問題でもある。それにしても、もしも(歴史にifはあり得ないというが)石油や電球の発見・発明がなかったら、あるいはもっと大幅に遅れていたら、照明のための鯨油使用とそのための捕鯨はもっと後年まで継続され、マッコウクジラは絶滅していたかもしれない。

†もののけ姫——森の生きものと人間

アニメ映画『もののけ姫』(宮崎駿監督、一九九七年公開)には、たたら場をめぐる人間同士の争い、さらにシシ神の森の精霊たちと人間との争いが描かれている。たたら製鉄とは、古代から一〇〇〇年以上の歴史を有する日本独特の製鉄法で、木炭を燃焼させて砂鉄を還元し、製鉄する方法だ。

鉄鉱石に乏しい日本では、原料に砂鉄を使用することが多かった。その際に、踏鞴(ふいご)(足踏み式)で火力を高めた。その踏鞴を古代には「たたら」と呼んだため、これを用いた製錬法ということで、たたら製鉄の名がついたといわれる。たたら製鉄は、近世には中国山地が中心となり、島根県出雲地方などで現在まで引き継がれている。出雲といえば神話の里、ヤマタノオロチや草薙(くさなぎ)の剣などの話も、このたたらと関係があるだろう。たたらで製錬された鉄は、鋤(すき)や鍬(くわ)などの農具をはじめ、さまざまな道具に使用された。なかでも、純度の高い玉鋼による日本刀の製作が有名だ。

古代からたたら製鉄の中心地だった中国地方では、江戸時代に入ると鉄製品の需要の高まりとともにますます製鉄が盛んになった。このため、燃料であるアカマツ炭が大量に使用された。また、砂鉄の採取のために山肌は崩され、さらに製錬の際の汚水が川に流された。たたら製鉄により、現代でいう自然破壊や公害が生じ、それが深い森の奥にまで拡大するようになったのだ。

中国地方の植生は、本来（潜在自然植生）はシイやカシなどの照葉樹林（常緑広葉樹林）である。しかし、古代からの森林伐採と土壌の養分の少ない花崗岩とがあいまって、現在のようなアカマツの林に置き換わってしまった。

『もののけ姫』は、林縁部に住む人間のたたら製鉄の場（たたら場）拡大により、奥深い森林（原生林）に棲むシシ神や野生動物が追われてしまう設定とみることができる。復讐心に駆られた乙事主や森の生きものたちは、祟り神となって人間を襲うようになった。映画では、人間と森の生きものたちの争いによって焼き払われた原生林も、最後には緑の山に復活した。この復活した林は、いわば二次林であり、里山といったところだろうか。先のアカマツ林や武蔵野の雑木林（薪炭林）も、このように原生林が人間によって伐採・焼き払われ、その後の植生にも手を加え続けた（薪炭や木材のための伐採）結果として成り立つものだ（第四章1節参照）。

しかし現在では、そのアカマツ林も松くい虫被害により大幅に減少してしまった。薪炭利用もなくなり、雑木林も荒れ果てている。これらは、「生物多様性国家戦略2012－2020」（二〇一二年）で指摘されている「生活様式の変化などによって自然に対する働きかけが縮小した結果の自然の質の変化」（第二の危機）だ。かつては、『もののけ姫』にも描かれた「人間による直接破壊」（同、第一の危機）が主体だったが、現在ではやっと復活した自然さえもがさらなる危機を迎えている。森の精霊からみれば、人間とは何と罪深いものだろう。

『もののけ姫』の舞台モデルといわれる森（屋久島・鹿児島県）

映画『もののけ姫』では、自然（森の精霊＝神々）と資源利用（たたら場）をもくろむ人間との争いが描かれていた。世界最古の物語『ギルガメッシュ叙事詩』でも描かれているのは、やはり森の神フンババと人間のギルガメッシュ大王との戦いだ（本章2節参照）。

一戦を交えて、双方に被害が出てからでは遅い。その前に、「共生」する道を探ることはできないのだろうか。もののけ姫は、元々は人間の子だったが山犬に育てられ、人間世界には戻らずに森で生きることを選んだ。人間のアシタカは、もののけ姫の意思を受け入れ、ヤックルに乗ってもののけ姫に会いに行くことにした。互いに惹かれながらも、相互の存在を認めつつ、共存の道を探るという。現実の世界で、私たち人間は森の生きものたちとどのようにかかわっていけばよいのだろうか。

2　生物絶滅と人間

†アイルランドのジャガイモ飢饉

全米で三〇〇〇万人とも四〇〇〇万人ともいわれるアイルランド系移民の子孫たちには、自動車王ヘンリー・フォードやケネディ元大統領をはじめ、政財界、スポーツ界、芸能界などで多くの有名人が輩出されている。このアイルランド移民が大量に米国に渡ったきっかけが、一九世紀にアイルランドで起きた「ジャガイモ飢饉」だ。

今や一五〇カ国以上で栽培されているジャガイモはラテンアメリカ原産で、紀元前二〇〇〇年頃には、現在のペルーとボリビアで栽培され始めたという（第一章1節参照）。その後カナリア諸島を経て、一五七〇年頃にはヨーロッパに伝わった。記録に残るヨーロッパ最初の栽培地は、一五七三～七六年のセビリア（スペイン）だ。このジャガイモがヨーロッパに伝わると、アルカロイド系の有毒物質を含み、そのでこぼこした形状から、当初は「悪魔の植物」といわれて敬遠された。しかし、プロイセンのフリードリヒ大王は、収穫量も多く、貯蔵にも優れ、栄養価も高いジャガイモ栽培を普及させた。こうして徐々に栽培されるようになったジャガイモは、ついには「貧者のパン」として主食の座にまでのぼるようになっていった。

特にジャガイモを大規模に取り入れたのは、原産地アンデスに似て気候が冷涼で、土壌も貧しく、他の作物が育ちにくいアイルランドだった。麦栽培と異なり小作地代を払う必要のないこともあり、ジャガイモ栽培は急激に増加し、一八世紀半ば頃にはジャガイモがほとんど唯一の食糧となっていた。

ジャガイモによって人口も増加したが、ランパー種のモノカルチャー（単一耕作）だったため、ジャガイモ疫病の蔓延により逆に大飢饉に見舞われてしまった。塊茎（種芋）を植えるジャガイモ栽培は、遺伝子組成が同一のクローンでもあり、当時アイルランドで栽培されていた約三〇〇〇億株の全てが同一クローンだった。遺伝的多様性を失ったジャガイモ栽培は、疫病の攻撃に耐えることはできず全滅した。

このジャガイモ飢饉により、一〇〇万人以上が餓死し、一五〇万人もの人々が米国など海外に移民となって出国した。この飢饉による餓死者と移民とで、アイルランドの人口は半減したという。アイルランドの耕作地には、開墾の際に掘り上げた石を積み上げた強風除けの囲いが巡らされている。その囲いの中には、草葺屋根も朽ち果てて、石積み壁だけが残る廃墟が、打ち捨てられたままになっている。

自然は、多くの種が生存競争をし、また助け合いながら生きること、つまり画一的であるよりも多様であることの方が、健全で強い生物社会を作り上げることを教えてくれる。これが「生物多様性」だ。アイルランドのジャガイモ飢饉の悲劇は、農業の世界とはいえモノカルチャーの危うさを象徴した出来事だ。規格化・画一化と多様性のバランス。私たち人間社会でも、同じことがいえるのではないだろうか。

†第六の大量絶滅

アフリカで二〇万年前に誕生した現生人類(ホモ・サピエンス)は、自らの命を支えるために、ライオンやチータと同じように獲物の肉を喰らい、ブチハイエナのように死肉も漁り、キリンやシマウマのように植物も食んで生活していた。その後、約一万年前に農耕・牧畜が開始されると、食糧をより容易く手に入れ、また蓄えることが可能になり、人口も増加した（第一章3節参照）。

しかし、その増えた人口を支えるために、さらに森を切り拓いて耕地が拡大されていった。農業は、人類誕生以来最初の自然破壊といわれる。森林伐採は、農業のためだけではない。日常の食事や土器を焼くための燃料、青銅器・鉄器などの製錬・鋳造、さらには建築や造船などのためにも必要だった。

文字による人類最古の物語といわれる『ギルガメッシュ叙事詩』は、紀元前二六〇〇年頃の南部メソポタミアにあった世界最古の都市国家であり、世界最古の文字・楔形文字を発明したウルク（現在のイラク内）の実在の王ギルガメッシュと森の神フンババの争いの物語だ。

ウルク遺跡から出土した楔形文字で刻まれた粘土板の全一二書板におよぶ物語の第五書板には、森の神フンババは、青銅の手斧を手にしたギルガメッシュ大王に敗れ、森を手放したことが記されている。そして、王はこの香柏（レバノンスギ）の森を伐採した。

これは、人類がその暮らしのために森を開発し、その支配者となったことを象徴的に示している。物語の舞台となった現在のレバノン地方には、鬱蒼としたレバノンスギの森が広がっていたことが花粉分析などで明らかになっているが、現在ではその面影もない。かつて文明と人々の豊かな生活を支えたレバノンスギの森は、今ではわずかに残存するのみで、「カディーシャ渓谷と神の杉の森」として世界遺産に登録（一九九八年）されている。そして、古(いにしえ)の豊かさの象徴としてレバノン国旗の中央に描かれている。

人類が破壊したのは森林だけではない。そこに生育する多様な植物種は、食料、香辛料、医薬品、衣料や紙などの繊維原材料、さらにはプラントハンターが追い求めた園芸植物などとして人類により利用され（第一章参照）、時には絶滅してしまった。植物だけではなく、動物もまた食料や毛皮、装飾品、薬品（漢方薬）などの目的で大量に捕獲され、絶滅に至ったものも多い。

有名な例では、リョコウバトの絶滅がある。リョコウバトは、ヨーロッパ人が北アメリカに移住した頃には五〇億羽も生息しており、大群が通過する際には数時間もの間、空を覆い暗くなるほどといわれていた。そのリョコウバトも、羽毛や肉のための狩猟や時には単なる射撃訓練のために毎年数百万羽も撃ち落とされ、また生息地の破壊によって個体数は激減した。最後の野生種が一九〇〇年頃にはオハイオ州で絶滅し、一九一四年にはシンシナティの動物園で飼育されていたマーサと名付けられた最後の一羽も死に、ついにリョコウバトが絶滅してしまった。

現在でも、印鑑や装飾品の材料として需要がある象牙採取のために、年間およそ二万頭のアフリカゾウが密猟されているという。アフリカゾウやアジアゾウを密猟から守るため、象牙は絶滅の恐れもある国際的な取引を規制する「絶滅のおそれのある野生動植物の種の国際取引に関する条約(ワシントン条約・CITES)」(一九七三年)の規制対象となっている。世界でも多くの象牙を輸入してきた国のひとつ中国は、国内市場の閉鎖に踏み切った。一方、同じく輸入大国の日本は、二〇一九年三月、象牙取引の厳格化を発表したが、国内市場の維持を求めている。これに対し、二〇一九年八月にジュネーブ(スイス)で開催されたワシントン条約締約国会議では、日本の国内市場閉鎖を求めるアフリカ・欧米諸国やNGOからの反発が表明された。捕鯨と同様、世界を敵に回すことになりそうだ(本章1節参照)。

象牙のほかにも、漢方薬の原料として使用される高価格のサイの角を採取するだけのために大量のサイが密猟されている。世界で現存する五種のサイ(ジャワサイ、スマトラサイ、クロサイ、シロサイ、インドサイ)は、いずれも絶滅の恐れが高い絶滅危惧種として国際自然保護連合(IUCN)作成のレッドリストに掲載されている。最近の日本では、ワシントン条約で国際取引が規制されているオランウータンやコツメカワウソ、熱帯魚のアジアアロワナなどをペットとして販売する目的で、スーツケースなどに入れて生息地の東南アジアから密輸入しようとして逮捕される事件も相次いでいる。

生物の絶滅といえば、約六六〇〇万年前の白亜紀末に絶滅した恐竜が思い浮かぶ。隕石の落下とこれに伴う気候変動が原因と考えられているが、これによって恐竜だけではなく、全生物種の七〇%が絶滅したと考えられている。この大量絶滅を含め、地球上での生命誕生から現在まで五回の大量絶滅があったことが知られている。古生物学や地質学で用いられる「〇〇紀」などの区分は、これらの大絶滅によって画されている。そして現在、隕石衝突や火山噴火などの原因ではなく、人類が原因の「第六の大量絶滅」が懸念されている。

絶滅危惧種シロサイの親子（ロスコップ自然保護区・南アフリカ）

さまざまな便益を我々人類に提供してくれる生物多様性の構成要素である生物種は、全世界に高等なものだけでも一〇〇〇万種から三〇〇〇万種、あるいはそれ以上存在すると推定されている。このうち、分類され命名されているものは、およそ一七五万種にすぎない。熱帯林は、これら地球上に存する生物種の五〇〜九〇%を擁しているが、多くの野生生物は、熱帯林の消失などにともない、人類に認識される前にこの世から姿を消しているのが現状である。

最近一〇〇年間の生物絶滅の速度は、地球の歴史の中で類をみない速度だという。世界一三二カ国が参加する「生物多様性及び生態系サービスに関する政府間科学政策プラットフォーム（IPBES／Intergovernmental science-policy Platform on Biodiversity and Ecosystem Services）」が二〇二〇年五月に公表した、世界の生物多様性の現状をまとめた初の包括的な政府間報告書「生物多様性と生態系サービスに関するIPBESグローバル評価報告書」は、人類の活動によって今後数十年間で、史上最大の約一〇〇万種の動植物種が絶滅危機リスクに陥ると警告している。国立公園設定の際にその地に先住していた住民を追放した（第二章参照）のと同様、人類は広く地球上に先住していた野生生物を追放し、絶滅に追いやっているのだ。

わが国でも、狭い国土面積ながら、知られているだけで九万種以上、分類されていないものも含めれば三〇万種以上の生物がいると推定されている。しかし、脊椎動物と維管束植物の約四分の一が絶滅のおそれのある種となっており、環境省レッドリスト記載の絶滅危惧種は一九九一年の二六九四種から二〇一九年には三六七六種に増加している。

絶滅前に貴重な遺伝資源を確保しておくことは、緊急の課題となっている。生物多様性条約では、自然状態で多様性を保全する「生息域内保全」と、人間の管理下で保全する「生息域外保全」が規定されている（第一章3節参照）。このため、国立公園などの保護地域が設定・管理され（第二章参照）、生息域外保全のための動植物園・水族館などの役割も大きくなってきた。さらに、ジーンバンクも整備されてきている。

かつて佐渡島に生息し、絶滅してしまった日本産のトキの細胞（DNA）も、国立環境研究所で冷凍保存されている。将来のバイオテクノロジーの進展による日本産トキ復活に備えるためでもある。とはいえ、絶滅した日本産トキと現在人工繁殖させて佐渡島などで野生復帰している中国産トキのDNAは、個体差レベル〇・〇六五％というから、日本産トキの復活も生息域外保全の象徴的な意味合いにすぎないだろう。

DNAからの絶滅動物復活といえば、映画『ジュラシック・パーク』（スティーヴン・スピルバーグ監督、一九九三年公開）を思い浮かべる。琥珀（こはく）に閉じ込められた蚊（カ）の腹部の血液に混じった恐竜のDNAから、恐竜を復活させたのだ。実際には、DNAがほぼ完全な形で取り出されたとしても、それを元に生物を形作る細胞が必要なため、恐竜の丸ごと復活は無理だという。

しかし現実の世界では、永久凍土の中に閉じ込められたマンモスの細胞からクローンを再生させる研究も進んでいる。二〇〇〇年に最後のメス個体が死んで絶滅したブカルドという野生ヤギでは、凍結保存してあった細胞からクローン羊のドリーと同じ手法でクローンを作成するのに成功した。残念ながら肺不全のために出産直後に死亡してしまったというが、いよいよジュラシック・パークの世界が現実になる日も近いかもしれない。だからといって、人間による生物の絶滅が免罪されるわけでもない。

†眠れぬ夜にカの根絶を考える

研究調査でインドネシアに滞在していた熱帯の夜、寝付かれない中で少し真面目にカを殺すことについて考えてみた。熱帯途上国滞在で恐ろしいもののひとつに伝染性疾患がある。赤痢、マラリア、デング熱などで九死に一生を得た人を何人も知っている。大げさではなく、本当に「九死に一生」なのだ。インドネシアでもマラリア汚染地帯はずいぶん少なくなってきたが、デング熱は首都ジャカルタでもしばしば流行する。

マラリアもデング熱も、カの媒介によって広まる。カは、世界中で年間一〇〇万人もの命を奪い、地球上最悪の衛生害虫となっている。また、地球温暖化の影響のひとつに、こうした熱帯性の昆虫の生息域拡大に伴う熱帯伝染病の蔓延があげられる。第二次世界大戦前は東南アジアだけに限定されていたデング熱は、現在では世界中で一億人もが発症している。実際日本でも、二〇一四年夏には約七〇年ぶりにデング熱の国内感染が確認された。

代々木公園（東京都渋谷区）では、ウイルスを保有したヒトスジシマカが発見された。地球温暖化がさらに進めば、ウイルスを媒介するネッタイシマカの越冬も可能になり、デング熱の拡大も懸念される。

ところで、マラリアやデング熱の撲滅のためには、媒介するカの駆除が必要だが、人間の都合で絶滅させても良いものだろうか。「害虫」や「雑草」などは、人間が勝手に分類したものだ。害虫だろうと益虫だろうと、それぞれの生物は子孫を残そうと必死になって生きている。

絶滅危惧種の保全がなぜ必要か、については多くの人がその理由を整理して提示している。米国の生物学者ポール・R・エーリックほかは、その理由を四つに分類している（『絶滅のゆくえ　生物の多様性と人類の危機』戸田清ほか訳、新曜社）。第一は、「自然なあわれみ」であり、他の生物の生存権を認めることである。第二は、美学的なもので、野生種の美しさや象徴的価値、固有の重要性を認めようとするものだ。第三は、経済的な直接的利益や生物資源としての価値。そして第四は、人類の生存に不可欠なものを提供する間接的な利益である。

カについていえば、第一と第二の理由は主観的な部分もあり、大方の人の賛同を得るのは難しいかもしれないが、第三と第四の理由は認められる。生物資源利用の面では、カの唾液に含まれる血液凝固を阻止する物質からは、脳卒中や脳梗塞のための抗血栓薬などが開発されている。生物多様性の面からも、カの幼虫ボウフラはヤゴや稚魚の餌になるし、成虫もトンボ、鳥やヤモリ、カエルなどの餌になる。つまり、生態系を支え、さらには人類の生存基盤を支える一員ともいえなくはない。

カと同じく衛生害虫として嫌われるハエも、生態系を支え、人間の役にも立っている。特に幼虫のウジは、化膿して壊死した傷口部分を食べて新たな肉芽を促すため、傷の回復を早める。かつてモンゴル帝国を築いたチンギス・ハーンは、負傷した兵士の手当てのために大量のウジ虫を馬車で戦場に運んだというし、現代の病院でも衛生的なウジ虫を傷の治療に使用している。

一方で、人類は伝染病などを媒介するカやハエの根絶と闘ってきた。カの幼虫であるボウフラの発生を抑えるため、水のたまった甕(かめ)などに油を垂らして水面を覆い、ボウフラの呼吸を妨げたり、感電死させる蚊取りラケットを開発してきたりした。

さらに、農薬のＤＤＴは、世界保健機関（ＷＨＯ）によるマラリア撲滅のためのカ防除プロジェクトでも使用された。大量のＤＤＴが散布されたボルネオでは、スズメバチが全滅し、その結果捕食者のいなくなった毛虫が大発生して藁葺(わらぶ)き屋根を食い、屋根が落下してしまった。さらに、ＤＤＴで死んだゴキブリを食べた猫までも死んでしまい、その結果ネズミが増えて穀物を食い荒らしたり、病気を伝染させたりした。笑えない話どころか、ブラックユーモアだ。

世界中で大量使用されたＤＤＴの殺虫剤としての有効性を発見したスイス人化学者パウル・Ｈ・ミュラーは、その功績により一九四八年にノーベル医学・生理学賞を受賞した。一方で、米国の女性科学者レイチェル・カーソンは、その著書『沈黙の春』（一九六二年）で、ＤＤＴをはじめとする農薬など化学物質による生態系破壊を告発し注目をあびた。現在、先進国ではＤＤＴの製造・使用が禁止されているが、依然として途上国でのマラリア対策には使用されている。日本では一九七一年に農薬登録が失効している。

日本でも、ボウフラなどを餌とする北米原産の魚カダヤシ（蚊絶やし、タップミノー）を導入した結果、ボウフラだけでなく在来魚の稚魚までもが食べられしまう事態が生じた。特に競合する在来種メダカ（ニホンメダカ）を駆逐する勢いで、「特定外来生物による生態系等に係る被害の防止に関する法律（外来生物法）」による特定外来生物として、飼育や移動などが禁止されている。

似たような例で、沖縄や奄美地方で猛毒のハブによる被害を防ぐため、その駆逐用として導入されたジャワマングースが、今度はニワトリなど家畜のほか、アマミノクロウサギなどの絶滅危惧種を含む野生の固有動物を襲っている。ジャワマングースも特定外来生物に指定されているが、その根絶は困難だ。人間の知恵とは、その程度なのだろう。

さらに最近では、アフリカの代表的なマラリア媒介カであるガンビエ・ハマダラカをゲノム編集（第一章3節参照）によって不妊にする研究も進んでいる。不妊遺伝子を持ったカを拡散することで、マラリアを媒介するカを絶滅させ、マラリアを撲滅しようとするものだ。また、ハマダラカの体内で、マラリア原虫自体が育たないようにする遺伝子操作実験も行われている。しかしここでも、ＤＤＴやカダヤシ導入と同様に、ゲノム編集されたカが自然界に放出されたときの生態系への影響が懸念される。

害虫と益虫（害獣や雑草とそうでないものなども）との線引きほど、曖昧でいいかげんなものはない。この線引きは、人間の一方的な価値判断であり、それも現時点でのものだ。したがって、科学技術の進展、生活様式（ライフスタイル）の変化、さらには倫理観の変化などによって、いつ反転してしまうかもわからない。

†生物多様性の誕生

これまで、生物多様性条約の成立やその背景となる生物資源（遺伝資源）の利用などに伴う南北対立などをみてきた。しかし、本書のキーワードでもある「生物多様性」は、日常生活で接する機会も少なく、人々の関心も地球温暖化などに比べて低いようだ。政府

（内閣府）が行った調査（「環境問題に関する世論調査」二〇一九年）では、生物多様性の言葉を「聞いたこともない」とする者が半数近く（四七・二％）にのぼる。意味を知っているのは、二割（二〇・一％）に過ぎない。前回調査（二〇一四年）の「聞いたこともない」五二・四％に比べれば認知度は若干向上しているものの、まだまだ低い。

実は、「生物多様性（biodiversity）」という用語が生まれたのは一九八〇年代と比較的新しいから、無理もないかもしれない。その用語の誕生の舞台は、スミソニアン研究所と米国科学アカデミーが主宰した「生物多様性に関するナショナル・フォーラム」（一九八六年九月）だ。生物学の世界では以前から、「多様性（diversity）」の概念や「変異（variety）」という用語はあった。植物学者ウォルター・G・ローゼンは、フォーラム開催に際して、それまで使用されてきた「生物学的多様性（biological diversity）」の「略語」使用を提案した。当初は反対していたエドワード・O・ウィルソンなどの著名な生物学者たちが使用することで、一般化されていった。ただし、フォーラム名称の英語表記は「Bio Diversity」であり、生物多様性条約の英語名は「Convention on Biological Diversity」だ。この生物多様性条約では、三つのレベル、すなわち遺伝子（種内）、種（種間）、生態系の多様性を生物多様性としている（第一章3節参照）。

生物多様性の用語が誕生する以前の一九七〇年代、最初の世界的なハイレベル政府間会合でもある「国連人間環境会議（ストックホルム会議）」（一九七二年）のストックホルム宣言などには、天然資源の保護、森林や公園等保護区の管理、野生生物の保護と国際条約締結の必要性などが盛り込まれていた。これが後に、ユネスコ総会での「世界の文化遺産および自然遺産の保護に関する条約（世界遺産条約）」採択（一九七二年一一月）や「国連環境計画（UNEP）」設立（一九七二年一二月）、さらには、「絶滅のおそれのある野生動植物の種の国際取引に関する条約（ワシントン条約・CITES）」採択（一九七三年三月）、「移動性野生動物種の保全に関する条約（ボン条約）」採択（一九七九年六月）などの契機にもなった。ストックホルム会議を含む一九七〇年代の一〇年間に成立した国際環境条約の数は、それ以前の六〇年間に成立した数にほぼ匹敵するほどだ。

さらにストックホルム会議勧告には、天然の「遺伝的多様性」を有する地域の確定や野生植物種遺伝子プールの自然群落内での維持など、初めて「遺伝資源」の用語が盛り込まれ、後の生物多様性条約は芽生えつつあった。しかし、全体的には農作物などの資源が対象の中心だった。

一九八〇年には、「持続可能な開発」の用語が掲載された『世界保全戦略（WCS）』が発表された（第四章2節参照）が、ここに盛り込まれた「遺伝子の多様性」には、功利主義的色彩が色濃く出ている。すなわち、絶滅の恐れのある野生動植物を含む遺伝子多様性の保存は、食品や医薬品の供給を保証し、科学技術の革新を進めるのに必要であり、また生物種の喪失によって生態学的プロセスの有効機能が損なわれないためにも必要なものであるとしている。熱帯雨林など多様な生態系の保存なども、これらを保証するためのものであり、「遺伝子資源地域」保護のための世界的プログラムを確立すべきであるとしている。

これが、地球サミット開催の前年（一九九一年）に発表された新世界保全戦略『地球を大切に』では、地球そのもののため、そして人間社会の発展のためには、地球の生命力と多様性の保全が必要であるとしている。さらにこのためには、生命維持機構の保全、再生可能資源の範囲内での利用および生物多様性の保全の三項目が必要であり、前二者については比較的理解されやすいが、生物多様性の保全については、経済的価値判断が困難なためもあり理解され難いとして、その重要性を説明している。

†キーワードは変遷する

条約交渉のための政府間会合が開始された一九八〇年代後半から九〇年代初頭には、これまでの「遺伝子多様性」からより広範な「生物（学的）多様性」へと、キーワードは変わってきた。絶滅の危機に瀕している希少種（「絶滅危惧種」）の保護だけではなく、それを支える生態系と、生態系を構成するすべての種の保全、すなわち「生物多様性」の保全が重要との認識が高まってきたのだ。

ところで、前述では、「絶滅危惧種の保護」と「生物多様性の保全」という用語を用いた。一般的に自然保護政策においては、「保護（protection）」、「保存（preservation）」および「保全（conservation）」の三種の形態が使用されてきた。さらに最近では、自然環境の悪化や生物多様性の喪失などが進んだ結果、わが国でも「自然再生推進法」が制定（二〇〇二年）されるなど、損なわれた自然を積極的に取り戻し再生・創出する「復元（restoration）」や「回復（recovery）」などの用語も使用されるようになってきた。

保護は、対象物に対して外部から改変しようとする力を除き、自然状態のままにしておくこと。保存は、必要に応じて修復や外部からの改変の力を除いて、そのままの形を維持すること。これに対して、保全はそのものをよりよい状態にすることであり、合理的な利用のために改善することも含む概念である。また哲学者ジョン・パスモアは、保存を人間の管理を排除するもの、保全を人間の利用のための恒常的な管理を前提としたものと定義している。

これらの用語の変遷について、私は六〇年以上に及ぶ国際自然保護連合（ＩＵＣＮ）総会決議に記された用語の出現率を統計学的に分析したことがある。詳細は省略するが、過去六〇年間で、保護の形態としては、「保護」や「保存」のできるだけ人手を加えない伝統的な形態から、人間の管理に基づく「保全」へ、さらに「復元」や「回復」などのより積極的な再生・創出へと変化していった。また、対象としては、自然総体から生態系、湿地などへ対象がより細分化し、「生物多様性」自体も保全対象となってきたことなどが明らかになった。

そういえば、私の環境庁での最初の配属先は、自然保護局（当時）だった。しかし、その業務の基本法は、「自然環境保全法」だった。一口に「自然保護」、「自然環境保全」や「生物多様性保全」といっても、必ずしもその用語の定義が明らかになっているわけでもなく、また、その対象や保護の仕方、政策も、六〇年余の間だけでも、国際的にずいぶんと変遷してきたことがわかる。

生物多様性が必要な理由（わけ）

これまで、生物多様性の恩恵をめぐって大航海時代以来の争いがあったことをみてきた（第一章参照）。生物多様性が私たち人類にとって重要なことは、多くの人が漠然とは理解できるに違いない。生物多様性が私たちにもたらす機能・価値は「生態系サービス」として、①供給サービス（食料、医薬品、その他遺伝資源などの提供）、②調整サービス（気候、水資源、汚染などの除去・調整）、③文化的サービス（精神、宗教、教育など非物質的なもの）、④基盤サービス（土壌形成、栄養循環など）に分類され、私たちの生活にとって欠くことのできないものだ。

それでは、私たちに役に立たない生物種であれば、絶滅しても問題はないのだろうか。また、これまでにも地球の歴史上では、恐竜を始め多くの種が絶滅してきたことも知られている。リョコウバトなど多くの生物を私たち人類が絶滅に追いやったのも事実だ。最近一〇〇年間の生物絶滅の速度は、地球の歴史の中で類をみない速度だという。

しかし、現代にいたるまで地球上の生物たちは、何事もなかったかのように生き永らえている。種の絶滅の回避は、それほど重要な課題なのだろうか。仮に種の絶滅を防がなくてはいけないとしても、人類に役立つ種の絶滅だけを回避すればよいのではないだろうか。象牙や漢方薬、鼈甲（べっこう）の材料のために絶滅の危機にあるアフリカゾウやサイ、タイマイは、その取引を規制して保護しようとするワシントン条約があり、それによって保護されているのではないか。

これらの生物多様性保全の必要性や生物種絶滅の回避への疑問点に対して、説得力のある説明をし、それを理解するためには、ある程度の生物学・生態学の専門的な知識も必要になる。実際、生物学・生態学分野の研究者による生物多様性に関する著作も多く出版されている。

これらの説明の中で、多くの人が知っているものに「食物連鎖」がある。大型動物も、その餌となる動植物が必要であり、またその餌の生物もさらに他の生物を必要とし、食物が鎖の輪のように連なっているというものだ。これは、食べ物を通してエネルギーが循環する、エネルギーが不滅だということでもある。

あるいは、命というものが次々と受け継がれていく、仏教でいうところの「輪廻（りんね）」にも通ずるものだ。そして、多様な生物がいたからこそ、地球上での生命の誕生から四〇億年の悠久の時を環境の変化にも耐えてきた。この連綿と続いてきた生物の営みを、生物学者の岩槻邦男は「生命系」と表現している（『生命系　生物多様性の新しい考え』岩波書店）。

「生物多様性」というと、単に生物の種数が多いことと考えがちだ。もちろんこれも含まれるが、たとえば生物学的には一種類の私たち人間（ホモ・サピエンス）でも顔つきや毛髪などに個性があるように、同じ生物種でも少しずつ変化があることも生物多様性だ。

イギリスの生物学者チャールズ・ダーウィンは、ガラパゴス諸島の野鳥フィンチの口ばしの形状が島ごとに異なることを発見した。その形状は島の環境とそれに伴う餌となる植物の実（種）などの形質に合わせたように変化したものと推論した。これを『種の起源』（一八五九年）として発表した。これがいわゆる進化論（ダーウィン自身は、自然淘汰説として発表）だ。この進化を支えるものが、遺伝子の変異でもある。

このように、私たち人類を含む多くの生物の存在を支え、進化を保証するためにも多様な生物の存続が不可欠なのである。

†絶滅生物は、炭鉱カナリアでありリベット一つである

ほかにも、わかりやすい比喩（アナロジー）・仮説がある。「炭鉱カナリアのアナロジー」と「リベット抜きのアナロジー」だ。

前者は、昔の炭鉱では、構内に充満した毒性ガスの存在を感知するため、毒ガスに敏感な（耐性の弱い）カナリアの鳥かごを先頭にして入坑した逸話を比喩としたものだ。長い棒の先に鳥かごを吊るして恐る恐る坑道を進む姿を想像すると漫画のようだが、一九九五年三月二二日、山梨県上九一色村（当時）のオウム真理教施設（サティアン）への強制捜査で突入する機動隊員が手にしていたのは、まぎれもなくサリンやVXガスなどの毒物検知用のカナリアの鳥かごだった。

この炭鉱カナリアのアナロジーは、単に一羽のカナリアの死ではなく、後に続く人間をも巻き込む危険が潜んでいることを暗示しているのだ。水道の浄水場でも、濾過（ろか）した後の最後の槽では、魚を飼育しているという。計器では測定できないほどの微量な毒素の存在

を魚で感知しようというものだ。このような生物を「指標生物」と呼んでいる。絶滅生物は、まさに生物の生存環境の悪化による最初の犠牲者という点で、指標生物ともいえる。

後者は、飛行機の機体を繋ぎとめている鋲（びょう）（リベット）を例にしている。リベットが一つ外れても飛行には影響はないが、ある時気がつくと、大方のリベットは外れていて、飛行機が空中分解を起こす寸前だというものだ。このリベットの一つひとつが、生物種に喩えられる。すなわち、一種や二種の絶滅は、生物界全体にとってそれほど問題ではないかもしれないが、気がついたときには、人間も含めた生物界全体の絶滅になるというものだ。

この二つのアナロジーは、絶滅寸前の特定の種を保護するだけではなく、生物全体、すなわち生物多様性の保全の必要性をうまく表していると思う。生物界（生態系）は、食物連鎖などで相互に依存し合っている。そこでは、人間の役に立つ生物であるか否かは関係ない。

生態学では、生態系を維持する上で大きな影響を及ぼしている種を「キーストーン種」という。その代表的なものに、絶滅したニホンオオカミがいる（本章1節参照）。ニホンオオカミの絶滅により天敵がいなくなったニホンジカ（北海道ではエゾオオカミとエゾシカ）は、地球温暖化による少雪の影響もあって個体数を増加させ、各地で高山植物を含む貴重な植生を消滅させる原因ともなっている。

一方、ニホンオオカミ同様に食物連鎖の頂点ではあるが、その種の絶滅が他の生物や生態系に影響を及ぼすことがそれほど顕著でもない例もある。しかし、食物連鎖の上位に位置し、その生息に広範なテリトリーを必要とする大型の種ほど、絶滅の危機に陥りやすい。このような種を保護することは、同時にこの種を支える傘下の多くの種の生息環境も保護することになる。このような象徴的な種を「アンブレラ種」という。

最近では、マダニによって媒介される人獣共通感染症のライム病の発生が、リョコウバトの絶滅と関係あるかもしれないという見解が示されている。数十億羽にもなるというリョコウバトの巨大な群れは、ドングリなどの木の実をすべて食べ尽くすほどで、イノシシやネズミなどは餌をとることができず、繁殖も抑制されていた。しかし、リョコウバトの絶滅により、ドングリの大豊作時に餌を十分にとることができるようになったマダニの宿主でもあるネズミが増殖し、その結果ライム病の大発生に連なったというのだ。これも、生態系の微妙なバランスが崩れた結果を如実に表す例のひとつでもある。

米国のリョコウバトほどではないが、日本中どこでもみられたトキ（第一章1節参照）も、二〇〇三年に佐渡島で飼育されていた最後の一羽キンが死んで、日本産のトキは絶滅した。いや、一九八一年に野生の五羽が捕獲されて飼育ゲージに移されたときに絶滅したとみるべきかもしれない。

このトキが絶滅したからといって、天地がひっくり返るわけでもない。しかし、江戸時代までは日本全国に生息していたトキの絶滅は、その餌であるドジョウやカエル、タニシなどを採る採餌行動が水田を乱すとして農民に嫌われたり、餌が農薬などに汚染されたり、あるいは生息環境の水田や里山そのものが縮小した結果でもある。すなわち、トキはカナリアのように環境変化の指標であり、最初の犠牲者でもあるのだ。そして、トキの生息地でのドジョウやタニシの減少・絶滅は、飛行機のリベットが次々と抜け落ちる姿にほかならない。そして、いつの日にか人類がトキと同じ運命をたどることを暗示している。

これが、ワシントン条約などによる「絶滅危惧種」の保護だけでなく、ありふれた種も含めた生物全般を保全する必要があるとする、「生物多様性」保全の根拠でもある。もっとも、最近では炭鉱でカナリアを使うこともないし、飛行機の機体のリベットもカーボンファイバー（炭素繊維）強化プラスチック（CFRP）の出現により見かけなくなるかもしれない。そうなると、種の絶滅を説明するにも、他のアナロジーを考え出さなければならないだろう。

第四章

未来との共生は可能か

いつ、どこで接したか覚えはないが、「自然は先祖からの遺産ではなく、子孫からの預かりもの」という北米先住民の格言が私の心に残っている。これは、自然（生物資源）を現世代の生活のために使い切ってしまうのではなく、将来世代のために残しておくという、いわゆる「持続可能な利用」の考え方を表している。

生物多様性条約では、「生物多様性の保全」とともに、「持続可能な利用」を条約の目的に掲げている（利用から生じた利益の衡平な配分も三つ目の目的。第一章3節参照）。ここでは、「保全」と「利用」が並列されているが、突き詰めれば、持続可能な利用も、将来世代のために生物多様性を保全していくための手法とも考えられる。そしてこの生物多様性の保全と継承こそが、前章でみたように、人間を含めた生きとし生けるものの将来を保証するものでもある。

本章では、SDGsおよび自然の継承などの持続可能性を念頭に置いて、将来世代との関係について読み解いていく。第一節では、世界遺産富士山を含め、過去から引き継がれた山岳や巨樹などの事例と未来への継承についてみていく。第二節では、熱帯林研究や国際開発援助を持続的に実施していくための事例とともに、「持続可能な開発」や「SDGs」の系譜を探り、未来との共生を見据えた生物多様性とSDGsの関係などを考察する。

1　過去から次世代への継承

†自然の聖地

インドネシアのロンボック島北部にそびえるインドネシア第三位の高峰の火山リンジャニ山（標高三七二六メートル）は、火山性の独立峰のため、島の多くの地点、さらには近隣のバリ島などからもその姿を望むことができ、まさにロンボック島のシンボル的存在である。島の人々（ササック族）からは、古くから聖なる山として崇められてきた。そこには神が宿ると考え、林産物などの利用、その他で入山する際には神に入山の許しを得る儀式を行っていた。リンジャニとは、古語で「神」を意味するという。リンジャニ山登山の際、山頂直下の火口湖セガラ・アナク湖の岸辺では、地元民が山頂に向かって祈りをささげていた。四隅に竹を立てて縄張りをし、供物を載せる台をしつらえた祭壇は、日本での地鎮祭などを彷彿とさせるものだった。

自然に畏敬の念を持ち、そこに神の存在を信じて自然信仰（アニミズム）が成立したのは、人類の歴史上普遍的でもあった。それが、磐座（いわくら）や巨樹のような単体だけではなく、森や山岳全体に及ぶこともあった。世界中に存在する伝統社会の多くにおいて、高山や火山、河川・湖沼、森林などの自然の場が特別視されてきた。神や先祖の魂の宿る地、治療効果のある水源や薬草の自生地、霊魂との接触の場など、その理由はさまざまである。これらの自然の聖地は、ヒンズー教や仏教などが誕生した自然信仰の盛んなインドだけでも一五万から二〇万カ所の聖なる森が存在し、全世界では二五万を超えるとも推計されている。現在ではキリスト教の影響で自然神の影が薄くなったヨーロッパでも、かつて森は神聖な場であり、クリスマスをはじめとするキリスト教の行事などにも、かつての自然信仰の痕跡を多数認めることができる。

保護地域の誕生は古代にまで遡ることもできるが、なかでも禁忌地や信仰対象地などの「自然の聖地」は、太古の自然を現代に伝える保護地域の重要な要素でもある。このような自然の聖地が近代的な保護地域になった例として、一九五八年に指定されたエアーズ・ロック＝マウント・オルガ国立公園（オーストラリア）がある。オーストラリアを象徴する有名観光地ともなっている高さ三四八メートルの世界最大級の一枚岩エアーズ・ロックの名は、当時の南オーストラリア総督ヘンリー・エアーズに由来するが、そこはまた古代の岩石絵画なども残る先住民アボリジニ・アナング族の三万年以上におよぶ伝統的な聖地でもあった。国立公園指定に際して先住民アボリジニは排除されたが、近年になり実際の土地所有者は先住民アボリジニであるとの運動が繰り広げられるようになった（第二章1節参照）。

その結果、ヨーロッパ人による管理からおよそ一〇〇年ぶりの一九八五年一〇月二六日にこれらの土地が先住民に返還され、国立公園が共同管理される合意書が調印された。その後、一九八七年には先住民の呼称である「ウルル」と「カタ・ジュタ」が国立公園名称として採用された。ウルル＝カタ・ジュタ国立公園運営協議会は、先住民の聖地でもあるウルルに観光客が登ることを二〇一九年一〇月二六日から禁止した。一〇月二六日は、前述のとおり、この土地一帯が先住民アボリジニに返還された記念日だ。

先住民の聖地として登山禁止となったウルル（ウルル＝カタ・ジュタ国立公園・オーストラリア）

このほかにも、シャーマニズムの聖地であるボグドハーン自然保護区（モンゴル）、仏教とヒンズー教の聖地ヤラ国立公園（スリランカ）、一〇〇〇年以上にわたって多数のキリスト教修道院が設立されてきたアトス山世界遺産地域（ギリシャ）、巡礼の道として有名なモンセラート自然保護区（スペイン）、ネイティブ・アメリカンの聖地であるココニノ国立森林公園（米国）など、自然の聖地は法的な保護地域かそれ以外かを問わず多数存在することが明らかになっている。

日本でも縄文時代には、蓼科山や浅間山などを意識した列石・立石が作られ、甲斐駒ヶ岳、男体山などの山頂付近から土器が発見されるなど、すでに生活の資を与えてくれる森や山への信仰が育まれた。山岳信仰で有名な中部山岳国立公園立山のミクリガ池では、古墳時代に相当する西暦四〜六世紀には信仰登拝と儀礼が行われていた痕跡が発見されている。万葉時代から神の山、神の森での伐採などを禁じた勅や政令も出されており、巨樹を中心とする神の森（鎮守の杜）などは、各地で保存されてきた。

古代から人々は自然に畏敬の念を持ち、神の存在も信じてきたが、地形が急峻で活火山の多い日本では、火を吐く恐ろしい存在であり、より天に近い存在でもある山を崇めるようになったことは想像に難くない。現在でも各地の山頂や山麓には祠が多数存在し、昔から霊山として知られている山も多いし、奈良県の大神神社の例のように、そもそも神社の御神体は山そのものであり、社殿は後の世に建てられたという例も多い。

また、「紀伊山地の霊場と参詣道」として二〇〇四年に世界文化遺産に登録された熊野古道（参詣道）や山岳霊場の神社仏閣の存する吉野熊野国立公園内の紀伊山地も、神話時代から神々が鎮座する神聖な地と考えられており、一〇〇〇年以上にわたり宗教文化が育まれてきた。

前述のウルル＝カタ・ジュタ国立公園（オーストラリア）は、一九八七年の名称変更に伴う国立公園再指定と同時に、地球の歴史を物語る貴重な自然の地形とそこに生息（生育）する野生生物が評価されて「世界自然遺産」として登録された。さらに一九九四年には伝統的な聖地として「世界文化遺産」にも登録され、自然と文化が融合した「世界複合遺産」となった。世界で一一二一件登録されている世界遺産（二〇一九年七月現在）のうち、複合遺産はわずか三九件（他は、文化遺産八六九件、自然遺産二一三件）だけである。一九七二年に成立した「世界遺産条約」のカテゴリーでは、複合遺産は新しく追加されたものだ。しかし、先住民などへの再認識が世界的に高まる中、人と自然の長年にわたる相互作用によって形成された文化的景観や「自然の聖地」などへの評価に伴い登録数は増加し、二〇一八年には三件、一九年には一件の複合遺産が登録された。

†世界遺産富士山

日本一の標高と秀麗な姿を誇る富士山は、日本人の誰もが知っている名山だ。その富士山は、二〇一三年六月にプノンペン（カンボジア）で開催されたユネスコの世界遺産委員会において世界文化遺産登録が決まった。富士山は、古くからの信仰の対象として、あるいは絵画等の芸術文化を生み育んだ源であることが登録理由である。このため、当初の日本が提出した名称「富士山」を修正する勧告に従い、正式名称は「富士山―信仰の対象と芸術の源泉」となった。

富士山は、その高さや秀麗な山体だけではなく、また活火山として火を噴き、広範囲に溶岩流と火山灰をもたらす恐ろしい山として、古くから畏敬の念をもって崇められていた。大鹿窪（おおしかくぼ）遺跡、千居（せんご）遺跡（ともに静岡県富士宮市）などのように、配石遺構の方角などから縄文時代にはすでに富士山を遥拝（ようはい）したと考えられる遺跡も発見されている。富士山世界文化遺産の二五件にも及ぶ構成資産（登録遺産）には、富士山本体のほか、周囲に点在する多くの神社がある。そのひとつ、山宮浅間（やまみやせんげん）神社（静岡県富士宮市）は、富士山の溶岩流の先端部に位置し、富士山の方向に遥拝所がある。噴火を鎮（しず）めるために富士山を拝んでいたもので社殿はなく、弥生時代からこのような遥拝が行われていたと考えられている。

日本で最も古い物語ともいわれる平安時代の『竹取物語』には、帝がかぐや姫の残した不死の霊薬を天に一番近い高い山の頂上で焼かせる場面が登場する。平安時代の末期には、すでに富士山への信仰登山が始まったようだ。これらの富士山をめぐる信仰は、高山の神仙の世界に通じる神秘な山として、古代人の富士山に対する思いでもあろう。

世界遺産の登録により、いわば「富士山ブーム」が巻き起こった感じだが、この富士山ブームは今回が初めてでもない。江戸時代には、「富士講」により多数の人々が富士山に登山（登拝）した。また、その先導を務めたのが御師と呼ばれる人々で、現存する御師の住宅（二件。ともに山梨県富士吉田市）は富士山世界文化遺産の構成資産ともなっている。江戸市中などには、実際に富士登山のできない人々のために、本場の溶岩を運び込んでミニ富士（富士塚）が造成され、現在でも残っている。ここに登れば、本物の富士登山と同様のご利益があるとされた。

富士山は、前述のとおり、信仰の対象と芸術の源泉として、文化遺産として登録された。しかし、その構成資産として富士山本体（厳密には、山頂の信仰遺跡群、登山道、西湖、精進湖、本栖湖など九件だが）が含まれるように、通常の建造物等の文化財と違い、富士山およびその自然そのものが信仰対象や芸術の対象であり、文化遺産に登録されたものでもある。まさに、富士山そのものが「自然の聖地」であった。

その秀麗な山容の富士山は、現代でも多くの人々を惹きつけている。昔とはその形態と意義は異なりつつも、「遥拝」と「登拝」の対象として、富士山の魅力と神秘性は永遠に継承されていくことだろう。

白山比咩神社の奥宮遥拝所（石川県白山市）

一方で、世界遺産登録までの過程では、登録による規制強化を懸念する地元住民らの反対意見により、推薦書原案の提出が見送られたこともある。また、登録後の観光客増加による自然環境への影響、さらにし尿やゴミ、騒音などの問題も懸念されている。世界遺産富士山の継承のためには、これらについても配意する必要がある。

†植物名と山岳信仰

富士山、立山とともに日本三大霊山の一つといわれる白山。その姿を拝む（遥拝）場所であり、山に登る（登拝）拠点でもある白山比咩神社（石川県白山市）は、全国三〇〇〇社ともいわれる白山神社の総本宮だ。一の鳥居から表参道の杉並木の坂道を上って二の鳥居、三の鳥居へ進むと、本殿手前に白山奥宮遥拝所がある。ここには、白山三山の御前峰（標高二七〇二メートル）、大汝峰（二六八四メートル）、別山（二三九九メートル）の形をした大岩が祀られている。白山（御前峰）山頂にある奥宮まで登拝できない人は、ここで白山を遥拝する。白山は、山岳信仰の霊峰として有名なだけではなく、高山植物の宝庫「花の白山」としても有名だ。ハクサンチドリ、ハクサンフウロ、ハクサンコザクラなど白山の名を冠した植物も多い。

環境庁（現、環境省）では、日本の自然の姿を把握するための「自然環境保全基礎調査」（通称「緑の国勢調査」）を実施している。その一環として、植物の分布状況などの調査も行ってきているが、そもそも植物名が地方によって異なり、いくつもの呼称があるのでは全国的な調査の際に支障が生じる。そこで、専門家の検討会を経て、統一的な植物名を定めて「植物目録」としてリスト化した（一九八七年）。私がこの目録に記載されている日本産高等植物約八〇〇〇種の植物名の頭部の接頭辞（複数の植物名に付されているものを対象）を分類したところ、動植物名、地名、色彩、物品、大小などの形容詞、数字、生育場所など七〇一の接頭辞に分類できた。

分類された接頭辞では、地名に関する接頭辞（一二七分類、該当する接頭辞が冠された植物一八〇五種）が圧倒的に多く、植物（一一六分類、一一六五種）、形容詞（一一一分類、一九一二種）、動物（五九分類、一三三七種）などが続く。

たとえば地名に関するものでは、エゾ（蝦夷、該当植物二〇〇種）が圧倒的に多く、ツクシ（筑紫、六八種）、リュウキュウ（琉球、六七種）、ヤク（シマ）（屋久島、六六種）などが続く。

山地・山岳名に関する接頭辞は六五分類（三九二種）で、植物種数の多いものをあげると、イブキ（伊吹山、二二種）、フジ（富士山、一九種。植物の藤を由来とするものは除く）、ハクサン（白山、一八種）、ハコネ（箱根山、一六種）、ニッコウ（日光山、一五種）、アポイ（アポイ岳、一二種）、リシリ（利尻山、一二種）、キリシマ（霧島山、一二種）などとなった。

ちなみに、植物に関する接頭辞では、マツ（松）、マメ（豆）、キク（菊）など他の植物名を冠したものが六四分類（三三六種）で、ハナ（花）、ハ（葉）など植物の器官・部位（五七分類）に形状（長、広、大など）や色彩（白、赤など）を組み合わせたものも多い。動物名を冠した五〇分類のうち最も多くの該当植物種があるのはイヌ（犬）の七九種で、クマ（熊。隈取のクマは除く）とチャボ（矮鶏）が各一八種、スズメ（雀）一二種、ウシ（牛）、カラス（烏）、エビ（蝦）がそれぞれ九種、キツネ（狐）八種、ネコ（猫）とネズミ（鼠）が各七種などだった。

山岳地の接頭辞六五分類について、保護地域と信仰対象との関係をみてみると、国立公園等の保護地域に指定（一部地域の指定を含む）されているのは九六・九％（六三分類）の高率となった。また、和歌森太郎による「山岳宗教分布地図」（『山岳宗教の成立と展開』名著出版）を基に信仰対象の有無を抽出すると八二・四％で、古来の自然神崇拝のひとつとして、接頭辞にあらわれた多くの山地・山岳が信仰対象になっていたことがわかる。

　ただし、この地図には沖縄地方や北海道の情報が少ない。実際、沖縄地方には各地に御嶽（拝所。平地にも分布するが、発生的には集落内の高所）やオボツ山、神山が存在する。北海道でも、神威岳（またはカムイ・シリ、共に「神の山」の意）など現在の山岳名にもかつてアイヌの信仰対象であったことを示唆するものが残っており、大雪山をカムイ・ミンタラ（神の庭）と呼んでいたことなど、森林・山岳信仰の存在が知られている。

　さらに、いわゆる本土（内地）においても、薬師岳はその名のとおり阿弥陀如来の浄土信仰の対象であるが、前記の分布地図では対象となっていない。したがって、沖縄地方や北海道の情報、さらには祠の存在や伝承にまで遡れば、信仰対象の率はさらに高くなるのは間違いない。

　これら自然の聖地では、古来より人為を排除して自然そのままの環境が護持される戒律（禁忌・タブー）が設けられることが多い。近代においても伝統的な信仰心は民心に支えられ、立ち入りあるいは樹木等の伐採、採取を特定の者に限定することなどにより、現在も原生林や神木視された巨樹が残存している例が多くみられる。

†現代に蘇る聖なる山

インドネシア・ジャワ島東部の一九八二年に指定されたブロモ・テンゲル・スメル国立公園は、五万二七六ヘクタールというジャワ島としては広大な地域で、ジャワ島最高峰のスメル山（三六七六メートル）、活火山のブロモ山（二三二九メートル）、古い火山で広大なカルデラと砂の海を有するテンゲル山などの複雑な火山群と四つの湖沼などが含まれている。ブロモ山一帯は世界中から観光客を惹きつけ、二〇一八年の訪問者（観光客）約八五万人のうち外国人は二・五万人を占める国内有数の観光地のひとつとなっている。これら観光客の多くは、外輪山外側のプナンジャカン山山頂（二七七〇メートル）から朝日に染まるブロモ山などテンゲル火山群を見た後、ブロモ山山頂まで登り、今も噴煙を上げる火口に、路傍で買った花束を投げ込んで願い事がかなうように祈る。

世界中の多くの伝統社会では、高山や火山、河川・湖沼、さらに磐座や巨樹、森林などの自然物や自然の場が神々の宿るもの、あるいは自然の聖地として崇められてきた。これらアニミズムなどの信仰対象、自然の聖地を継承することは、生物多様性の保全および保護地域の管理上も重要である。しかし現代では、それらを信仰対象としての理由のみで保全管理することには理解を得難い。そこでは、現代版の新たな価値や継承すべき意義を見出す方策が必要である。

これまで述べてきたとおり、日本でも山岳地は古来人々に崇められてきたが、現代では必ずしも信仰対象ではないし、ましてやこれを強要することもできない。自然公園内の山岳地を訪問する人々は、明治期に導入された近代スポーツ登山として、山頂への到達そのものに意義を見出し、あるいは途中の植物や絶景に魅了されている。

ここで、現代の自然公園など保護地域の利用と保全を考えるうえで、再度、信仰対象の山と人々との繋がりを再考してみてはどうだろう。聖なる山に対して、かつて人々は「登拝」と「遥拝」とで信仰を表してきた。

登拝はいうまでもなく、ご神体となっている山に信仰心から登山することであり、現在でも多くの山頂に残る祠などが、この登拝の痕跡を示している。山頂からの「ご来光」（日の出）は感動的でもあるが、そもそもは「ご来迎」として日の出の際のブロッケン現象（見る人の影の周りに光の輪などが後光のように現れる現象）を阿弥陀仏の来迎になぞらえたものともいう。富士山でも山頂への到達を急ぐあまり、五合目の自動車道路終点から登山を始める人がほとんどだが、世界文化遺産への登録を機に、かつての麓（ふもと）からの富士講登山道を再整備して利用する機運が高まっている。単なる山頂征服ではない、一歩一歩を踏みしめ、自然および自分自身と対話するような登山利用を促進したいものだ。

また、独立峰富士山は仰ぎ拝む、優れた遥拝の対象でもある。かつて江戸市中からはどこからでも富士山を望むことができ、葛飾北斎の富岳三十六景などの浮世絵にも描かれている。しかし現代では、高層ビルなどの陰に隠れ、風景の中に見出すこともままならない。これに対して京都市では、数次にわたる景観論争の結果、大文字焼きの眺望を妨げる建物の高さ制限や屋外広告物規制まで実施することになった。

長い歴史と経験のある国立公園でも、あらためて山岳地の眺望利用（現代版遥拝）のための景観保全と視点場の保全整備を促進したい。この現代版遥拝の考え方こそは、国立公園など保護地域、あるいはわが国の景観政策を再考する契機にもなるのではないだろうか。前述のブロモ山は、遥拝と登拝とが見事に融和して現代の観光に継承されている例ともいえよう。

†国境を越えた国際平和公園

国境をまたいで歩く。島国日本の私たちにはなかなか実感できないが、およそ四五年前、私がそれを体験したときには感動さえ覚えた。ポーランド南部からスロバキア北部に連なるタトラ山脈一帯に広がるタトラ国立公園。伝統的な木造建築の多いザコパネの町が登山基地だ。公園内には多くの氷河湖が点在し、中でも氷河雪解け水を湛えたモルスキー・オコ（海の瞳）という小さな青緑の湖が有名だ。山地の稜線部は国境となっているが、フェンスがあるわけでもなく、小石の多い登山道は国境を出入りしながら続いている。

生物多様性を保全するための中心的な手段としての保護地域は、構成要素である動植物が生息・生育できる十分な広さの生態系を包含する必要があり、それぞれの国の法律や制度により指定される。しかし、たとえば山岳生態系では稜線が国境となっている場合も多く、連続的で広範な生態系も人為的に分断されてしまう。保護地域になっていてもそれぞれの国ごとに個別の基準で管理され、あるいは一方が保護地域でも他方は保護地域に指定されていない場合などには、生物多様性保全上は必ずしも十分とはいえない。

このため、国境を接している国々が協定を結び、「国境を越えた保護地域（TBPA／Transboundary Protected Area）」が設立されている。このTBPAは、生物多様性、自然および文化資源の保護のために国境（または地域）を越えて管理協力するものだ。これにより、広範囲の野生生物保護や違法行為の監視、共同研究、エコツーリズムなどの実施、管理員研修などの協力に効果を発揮し、また地域や国レベルでの経済的な利益ももたらす。特に、森林火災、害虫駆除、違法捕獲採取、移入種の対策などに効果的である。

一九八八年には世界で五九カ所だったTBPAは、二〇〇一年には一六九カ所、二〇〇七年には二二七カ所と増加してきている。世界で最も古いTBPAのひとつに、コスタリカとパナマ両国にまたがり世界遺産にも登録されているラ・アミスタッド国際公園がある。北米と南米に挟まれたパナマ地峡は豊富な生物相で知られているが、これを保護するために一九七九年の両国大統領による合意に基づき、コスタリカ側は一九八二年に、パナマ側は一九八八年に保護地域がそれぞれ設定され、一九九二年にTBPAの設立が批准された。
ヨーロッパにも多くのTBPAが存在する。二〇〇〇年に設定されたプレスパ国際公園もそのひとつで、アルバニア、ギリシャ、マケドニアの三国にまたがる二つの湖を中心とする国立公園だ。近年EUでは、各地のTBPAをさらに連繋したグリーンベルト構想を推進している。

国境を越えて共同管理されている国際公園は、人間の都合で線引き分断された生態系の保全などに貢献している。しかしこれらの保護地域も、どんなにきめ細かい管理体制を確立したところで、戦禍にまみれたらひとたまりもない。戦場での直接的破壊、難民などによる間接的影響など、保護地域の最大の脅威は戦争（紛争）である。熱帯林が枯葉剤により消滅したベトナム戦争は、その象徴だ。TBPAの中には、平和と協調の促進のために設定管理され、国境紛争などの解決への貢献も期待される「国際平和公園」がある。

この原型のひとつは、冒頭に記したポーランドとスロバキアの国境カルパティア山脈北部のタトラ山脈に設定されている国立公園の共同管理だ。第一次世界大戦前には、ポーランドも、チェコも、スロバキアも、国としては存在していなかった。大戦後にポーランドやスロバキアなどは独立（建国）したが、その際の国境紛争を解決するためにクラコフ宣言（一九二四年）が締結された。これに基づいて、国境にまたがるタトラ国立公園、ピエニンスキ国立公園を両国で共同管理するための連絡協議会が設立された。当時はまだ、国際平和公園などという呼称はなかったが、まさに今日でいう国際平和公園そのものだ。

その後、一九三二年には北アメリカでウォータートン・グレイシャー国際平和公園が設定された。これは、カナダ側のウォータートン湖国立公園と米国側のグレイシャー国立公園を核とした両国の保護地域により構成され、世界で最初の公式な「国際平和公園」でもある。一九九五年には世界自然遺産にも登録されている。

未開拓地で国境もない南極大陸は、人類共通の財産として「南極条約」（一九五九年）により領土権や採掘権が凍結されている。この南極については、第二回世界国立公園会議（一九七二年）で「世界公園」化の勧告が採択され、一九八九年の第四四回国連総会でも「南極世界公園」構想が支持された。

現在までのところ世界公園自体は設定されていないが、資源利用や観光客の増加による環境汚染などの懸念から「環境保護に関する南極条約議定書」（一九九一年）が合意されている。これを批准した日本は、国内法として「南極地域の環境の保護に関する法律」（一九九七年）を制定し、設定された南極特別保護地区への立ち入り制限などを規定している。しかし南極は、決して紛争のない平和の大陸として保証されているわけではない。単に「領土請求権が凍結」されているだけなのだ。

このほかにも、一九五三年に設定された朝鮮半島の非武装地帯（DMZ）は、半世紀以上を経た今日では野生生物の聖地となっており、国際平和公園の設定も期待されている。北朝鮮との交流に積極的な韓国の文在寅（ムン・ジェイン）大統領は、DMZ周辺に遊歩道を設置するなど観光（エコツーリズム）スポットとして開放する計画を二〇一九年四月に発表した。しかし、このところの北朝鮮と米国の動向では、悲観的にならざるを得ない。

これらの国際平和公園の構想は、将来世代への国際平和にも資するものだが、政治・外交的な課題でもあり、なかなかコンセンサスは得られにくいに違いない。しかし、北方領土問題などを抱えるわが国にとっても、全く無関心でいるわけにもいかないだろう。

†悠久の時を生きる巨樹

日本で最初の林学博士、本多静六は、一八六六（慶応二）年に武蔵国埼玉郡河原井村（現在の久喜市菖蒲町）で生を受けた。生家は折原姓だったが、元彰義隊隊長、本多晋（すすむ）の娘の銓子（せんこ）と結婚して、「本多静六」が誕生したことになる。東京山林学校（現在の東京大学農学部）を卒業、ドイツ私費留学後に母校の教員となり、多くの業績を残した。日比谷公園（東京都千代田区、一九〇三年開園）や一〇〇年先を見越した常緑広葉樹林による明治神宮の森（東京都渋谷区）の造営をはじめ、全国各地の公園の設計などを手掛け、また国立公園制度の創設にも貢献し、「日本の公園の父」と称されている。

また、当時の日比谷見附道路拡張工事の支障木となった大イチョウを「首にかけても」移植すると言って日比谷公園に移植したエピソードも有名だ。この大イチョウは、現在でもレストラン日比谷松本楼の脇で「首かけイチョウ」として旺盛な枝を張っている。さらに『大日本老樹名木誌』（一九一三年、大日本山林会発行）も著し、二十年余の間に自身で実測した巨樹など一五〇〇本を掲載している。

日本一の「蒲生の大クス」（蒲生八幡神社・鹿児島県姶良市）

その最初に登場するのが、「蒲生ノ大樟」（鹿児島県蒲生村八幡宮〈現在の姶良市蒲生八幡神社〉境内）だ。老樹名木誌を元データとして、東京農科大学造林学教室により作成（本多静六監修）されたのが『大日本老樹番附』（一九一三年）で、もちろん東の横綱には、蒲生の大樟が据えられている。

一九八八年には、環境庁（現、環境省）が「巨樹・巨木林調査」を実施（一九九九～二〇〇〇年に追跡調査）した。この結果によると、幹周（地上一・三メートルでの幹回り）三メートル（直径約一メートル）以上の調査対象約六万五〇〇〇件（うち、単木約三万三〇〇〇本）の中での最大幹周、すなわち日本一の巨樹も、「蒲生の大クス」（幹周二四・二二メートル）だった。この調査が契機となり、私が会長を務めている「全国巨樹・巨木林の会」と地元自治体などとの共催で、毎年「巨木を語ろう全国フォーラム」（以下、「フォーラム」）が開催されている。第二二回フォーラム（二〇〇九年）は、蒲生の大クスを抱える鹿児島県姶良市で開催された。

蒲生の大クスをはじめ、多くの巨樹は神社境内に生育している。神社のご神木には、注連縄（しめなわ）が巻かれているので、一目瞭然だ。最近では「パワースポット」としても人気があり、訪れる人も多い。前述の巨樹・巨木林調査の対象六万本余のうち、信仰対象となっていたのは二二％だった。私が独自に解析した巨樹中の巨樹ともいえる幹周六メートル以上に限ってみると、この傾向はさらに強まり四〇％以上が信仰対象となっていた。そして、巨樹の所有者は、社寺が圧倒的に多く六〇％以上を占めていた。信仰対象として崇められ、保護されてきたのか、あるいは巨樹だからこそ信仰の対象となったのか、どちらだろうか。

巨樹は、社寺境内だけではなく、森林の中にも存在する。また、巨樹が林立する「巨木林」もある。第三一回フォーラム（二〇一八年）開催地の北海道釧路市の阿寒湖畔は、ミズナラやカツラなどがまさに林立する巨木林だ。

巨木林の中の巨樹の代表例は、なんといっても有名な「縄文杉」（幹周一六・一メートル）だろう。第一〇回フォーラム（一九九七年）開催地の屋久島（鹿児島県）は「洋上アルプス」とも呼ばれ、海岸から九州最高峰の宮之浦岳（一九三六メートル）までの標高に沿った植物の変化（垂直分布）と、そこに生息するヤクシカやヤクシマザルなど他に類を見ない自然に恵まれた島で、日本で最初の世界自然遺産にも登録（一九九三年）されている。島に分布するスギは、成長が遅いためその材は堅牢で、密な年輪の美しさはそれだけで人々を魅了し、多くの木工工芸品が生産され、江戸時代から伐採されている。樹齢一〇〇〇年を超えるスギだけが「屋久杉」と呼ばれ、老齢巨樹やその切り株は、縄文杉、大王杉、翁杉、紀元杉、ウィルソン株など、それぞれ固有の名前が付されている。

縄文杉が発見されたのは一九六六年で他の屋久杉に比べて新しく、宮之浦岳や永田岳などの登山の途中で立ち寄る場所だった。私が四五年前に訪れた時には、登山者ばかりで、まだ観光客らしき風情の人はいなかった。それが世界遺産登録後には、縄文杉見物が目的の観光客が激増し、片道五時間の難所にもかかわらず、屋久島訪問者の九割が訪れるという。このため、根元が踏み固められて枯死の恐れが出てきたため、立ち入りできないよう

「加茂の大クス」（徳島県東みよし町）

に木道や柵が巡らされている。

社寺境内や森林内だけではなく、身近な居住地周辺の平地にも、地域の人々に継承されてきた巨樹は多い。そのひとつ、「加茂の大クス」（幹周一三・〇メートル、樹高二五メートル）は、徳島県東みよし町（第二三回フォーラム〈二〇一〇年〉開催地つるぎ町に隣接）の田園の中にある。平地に枝を伸ばすその姿は、実に堂々として美しい。樹齢一〇〇〇年と伝えられるが、今日に至るまでには、実に多難であったことは想像に難くない。

もともと周囲は田んぼだったが、農薬などの影響もあり、ずいぶん樹勢が衰えた時期もあった。そこで地元の人びとは、枯損した大枝を断腸の思いで切り落とすなど樹木治療を行った。さらに、周囲の田んぼからの農薬を除くために、耕作地を買い上げて草地として残すことにした。草地となった大クスの周囲には、大クスを見上げ、敬うために散歩する人びとが絶えない。その人びとのために公衆便所が設置されたが、その掃除も地元の人が自主的に担っている。そうした人びとの巨樹への想いに支えられて、大クスは今日も四〇メートル以上もの見事な枝ぶりの雄姿で加茂の大地に屹立している。全国に六本しかない国指定特別天然記念物の一本は、こうして地元の人々によって継承されている。

前掲の巨樹たちのように、名前が付けられ、あるいは故事・伝承までもが語り継がれている例は多い。独自解析の幹周六メートル以上の巨樹では、固有の呼称・名称があるのは一六%、故事・伝承があるのは六%だった。こうしてみると、むしろ呼称や伝承を有するものの方が少ないようだが、樹齢一〇〇〇年以上でないと「屋久杉」と呼ばれないがごとく、巨樹としての名称をまだ与えてもらっていないものも多いに違いない。

†巨樹——未来への継承

全国には、信仰対象や天然記念物として、あるいは固有の名称や独特の伝承を持ち、地域の人びとに何百年にもわたり慈しまれてきた巨樹も多い。一方で、天然記念物ほど有名ではないが、地域の人びとに親しまれて名称を貰い、その地域の人びととのつながりによって継承されてきた巨樹も多い。

第二四回フォーラム（二〇一一年）の開催地、茨城県常陸太田市の「瑞桜（ずいおう）」と命名された桜（幹周三・六メートル、高さ一五メートル）。その桜は、瑞竜小学校の校庭に植えられ、祖父や父親の代から生徒を見守ってきた。しかし、校庭の中央を占拠する桜は、校舎建て替えや校庭の有効利用に邪魔だとして、木造校舎の鉄筋化に際して伐採されそうになった。その伐採の危機を救ったのは、生命や思い出を大切にしたいという卒業生や在校生の熱意だった。こうして校庭中央に残った桜は、瑞竜小学校の「瑞」と桜から「瑞桜」と命名されたのだ。小学校が廃校となり、茨城県立常陸太田特別支援学校となった現在でも、そしてこれからも、桜の下で遊ぶ子供たちを見守ることだろう。

クヌギやコナラなどの「武蔵野の雑木林」は、江戸の町の発展に伴う急激な人口増加による燃料不足から、自然草地の広がる江戸の北部、武蔵野に薪炭林を造成した名残だ。現在でも、近隣農家による堆肥作りのための落ち葉かきが継続されている場所もある。一方、生活様式の変化から薪炭林としての価値がなくなり、伐採から逃れたとしても植生遷移により藪となってゴミの不法投棄の場となるなど、住民の意識からは離れていってしまった林も多い。

名古屋で開催された生物多様性条約COP10（二〇一〇年）で採択された「SATOYAMAイニシアティブ」（第一章3節参照）は、薪炭林などのように人びとの伝統的な生活によって維持されてきた生物多様性を再認識して保全しようというものだ。こうした身近な自然の保全には、たとえば朝夕の散歩道の提供など、地域の人々がふれあい、関心を持ち続けることができるような新たな価値を付与していく必要もある。その価値は、今までのものの見方の延長ではなく、新たな発想、すなわち経済的価値観に代わる豊かな生活環境としての価値観である必要がある。

ご神木などとして信仰対象にもなってきた巨樹や巨木林の保全でも、新たな価値の再評価と創造・付加が必要だ。巨樹・巨木林と人間との関係は、単に信仰だけではない。芸術の対象になり、あるいは地域のシンボルとして人びとにやすらぎと潤いを与えてきた。そこには巨樹の生きてきた数百年にわたる、あるいは樹木と人と双方の何世代にもわたる交流の歴史がある。また、野生生物のかけがえのない生息環境として生物多様性の保全にも重要な場であり、原生林生態系の断片を保存しているなど学術上の価値も高い。

巨樹に象徴される自然と人間との関係を今一度見直すことは、今後の生物多様性の保全を考える上でも有効であろう。また前述のとおり、巨樹には固有の名称が付されているものもある。ペットなどと同様、やはり名称があればそれだけ親密な感情が湧くのが人情だろう。まだ巨樹となる前でも、「瑞桜」などのように名称を付けて、人々が愛着をもって接することも、未来の巨樹を見据えて育てていく上では有効だろう。

しかし一方で、特に都市部においては、巨樹からの落ち葉や害虫の発生、日当たりの不良など、一見デメリットにも感じられる現象も生じる。これらの問題解決には、その責を所有者（社寺や個人など）に帰するだけではなく、恩恵を受ける住民の側での受諾、負担や責任も不可欠である。さらに、これを地域の財産（地域資産）として社会全体でカバーしていく体制整備も必要となる。

奇跡の一本松（岩手県陸前高田市）

　ゴミ処理施設などのいわゆる迷惑施設は生活上不可欠ではあるが、自宅の近くには建設してほしくないという考え・態度を「ＮＩＭＢＹ（ニンビー）」（not in my back yard の略で、「自宅裏庭は嫌」の意味）という。都市部での巨樹に対するような、恩恵は受けたいが犠牲は嫌だという本音は、誰もが多かれ少なかれ持っているものだろう。このＮＩＭＢＹ意識の克服はなかなか難しい。

　二〇一一年三月一一日に発生した東北地方太平洋沖地震により、東日本の太平洋沿岸を巨大な津波が襲った（東日本大震災）。多くの人命や建物も失われたが、海水浴や散策の場として市民に親しまれていた陸中海岸国立公園（当時。現在は「三陸復興国立公園」）の名勝「高田松原」（岩手県陸前高田市）の全長二キロメートルに及ぶ七万本のマツもことごとく流出してしまった。その中で、一本だけ残ったマツがあった。これを人々はいつしか「奇跡の一本松」「希望の一本松」などと呼ぶようになった。この一本松も、侵入した海水に根を傷めつけられ、樹木医など関係者の努力の甲斐もなく枯死してしまった。現在は、往時をしのぶレプリカ（複製）が設置されている。また、接ぎ木や実生苗による後継樹（クローン稚樹）も育成されている。

この間、一本松は、地元の人々には復興への希望と勇気を与え、全国からの支援の絆の象徴でもあった。残念ながら、レプリカとなったこの一本松が「巨樹」となることはもはやありえないが、大災害の記憶の風化を防ぎ、人々の心の中で育ち続けることだろう。そしてクローン稚樹は、その記憶を未来に継承して、いつの日にか巨樹に育つことを願う。巨樹は、地球上で最も大きく、最も長寿の生命体である。

2 持続可能な開発援助とＳＤＧｓ

†地域住民と連携した熱帯林研究

生物多様性の保全と持続可能な利用には、自然や生物、生態系の現状と変化を科学的に把握し解明することが必要である。このため、長期間にわたる生態系の研究（長期生態研究。LTER／Long Term Ecological Research）をはじめ、多彩な野外研究が繰り広げられており、これらの研究が継続できるような仕組みが求められている。

生物多様性の宝庫と言われる熱帯雨林には、実に数多くの生物が生息している。樹木も高さ三〇メートルから五〇メートルもの高木になり、何層かを形成している。ちょうど山に登ると標高によって植物の種類が変わる（植生の垂直分布）のと同様に、熱帯林では林床から高木の先（樹冠）までのそれぞれの高さで生物相も変化する。花が咲き、実がついても、地上からでは観察することもできない。最近では地球温暖化の関係もあり、呼吸や光合成を行う葉をつけた樹冠への関心も高い。

かつて、熱帯林での生態研究者は、ロッククライミングのようにロープで樹上まで登って観察した。それを効率よくするために、さまざまな工夫がなされてきた。気球（バルーン）で少しずつ高度を上げて観察する方法もあるが、空間がないとバルーンの使用はできない。パソ保護区（マレーシア）では、林冠観察用タワーを廊下で結んで林冠を移動できるようにしたキャノピーウォークも設置されている。

ボルネオ島サラワク（マレーシア）のランビル・ヒルズ国立公園内では、日本の研究者により高層ビルの工事現場でみかけるようなクレーンが設置されている。八〇メートルもの高さのクレーンの先端の巨大バケツのようなゴンドラに乗り込めば、ロープの引き上げによって林冠を越えた天空の世界まで、思いの高さで観察することができる。しかしこれでも、クレーンのアーム（腕）の長さの範囲しか観察できない。そこで、日本の山でみかける集材機のように、谷に索道をかけてそこにリフトをつけて移動しながら観察する方法もとられている。

研究フィールド自体の長期間にわたる存続は、野外研究にとって必須の条件である。しかし、こうした熱帯林研究の対象地も、時には伐採されてしまい、継続的な研究ができなくなることもある。これを回避するためには、研究対象を保護地域内に設定して、そこに前述のような観測の拠点などを設置することが大変効果的だ。

林冠観察用クレーン（ランビル・ヒルズ国立公園・マレーシア）

リサーチ・ステーションは、この科学的な研究の場を提供するために研究対象地（またはその周辺）に設置されるもので、地球規模生態系の理解と保護のためのいわば研究最前線でもある。その形態や管理運営は、宿泊テントのみの簡易型から、各種機能の複数建物を有するコンプレックス型、およびその中間型まで多様だ。

コンプレックス型の代表のひとつに、米国などの大学や研究機関の共同利用施設として熱帯研究機構（OTS／Organization for Tropical Studies）が運営するコスタリカのラ・セルバ生物学ステーションがある。周囲の面積約一五〇〇ヘクタールの原生林は、OTSが一九六八年以来所有する保護区であり、研究フィールドとしても活用されている。事務所兼用の食堂棟、一般宿泊棟のほか、林内にはビジターセンター、研究棟、研究者用ケビンなどが整備されている。

ある研究によると、リサーチ・ステーションの八五％は国立公園を含めた国有地に設置されている。その点では、国有地や保護地域内に設置されるリサーチ・ステーションは、長期生態研究を保証するための存在価値があるが、その活用のためには、保護地域管理者の理解と連携が必要である。

リサーチ・ステーション設置管理者（特に保護地域管理者）や地域住民の協力は、持続的な研究の推進の上で重要である。熱帯地域での生態学研究、特に長期生態研究の継続においては、地域住民や保護地域管理者の協力により大きな便益を得ることができる。そのひとつが、地域住民の研究アシスタントや調査ガイドとしての雇用と協力であろう。これは、研究者には研究アシスタントを、住民には雇用の場と収入をもたらすものとして、双方に利益がある方式である。まさに、「研究者版エコツーリズム」である。

私が実施した主として熱帯林を研究の場とする世界一六カ国の研究者を対象とした「リサーチ・ステーションの設備内容などに対する研究者ニーズ」のアンケート調査フリーアンサーでも、地域住民からの地方種名などの聞き取り、採集標本や研究機材の携行運搬などで、地域住民の協力を期待するものが多かった。

また、研究者と地域住民との協働の例として知られているものに、コスタリカの「パラタクソノミスト」がある（次々項参照）。

研究者と地域住民との関係が、研究者だけが便益を得る一方通行のものであってはならない。第一章でみてきたとおり、地域住民が長年にわたり保護し、持続的に利用してきた生物資源が、先進国やグローバル企業に持ち去られ、利潤の源となった例は、枚挙にいとまがない。熱帯林を有する途上国は、現在ではこの点に非常に神経質になっており、特に標本類の国外持ち出しには厳しい条件や手続きなどを設けている。

研究者から地域住民への貢献のひとつの例として、研究情報、すなわち地域の自然の状態などの科学的データを還元し、これを環境教育やエコツーリズムの解説などに活用することが考えられる。こうした相互の利益、すなわち共生関係をもたらすためのメカニズムの構築が必要だ。これはまた、地域住民にとっての郷土の再認識と地域創生だけではなく、

キャノピーウォーク。後に、踏板が盗まれてしまった（グヌン・ハリムン・サラック国立公園／チカニキ・インドネシア）

地球規模での生物資源の適正利用と生存基盤の確保にもつながるものである。

研究者が地元住民などと良好な関係を保ち、経済的な恩恵も提供することができれば、まさにウィン・ウィンの関係だ。近年では、キャノピーウォークなど研究用の観察施設が、エコツアーに使用されることも多い。エコツーリズムが盛んな中米コスタリカでは、観光客が小型のゴンドラから林冠を眺めることもできる。

ところが、経済効果ばかりを求めて、リサーチ・ステーションやキャノピーウォークなどが観光客に開放され、研究の支障となる事例も各地で生じている。インドネシアのグヌン・ハリムン・サラック国立公園では、JICAプロジェクトで、チカニキのリサーチ・ステーションに隣接してキャノピーウォークを設置した（次項参照）。当初はもちろん研究用に使用されていたが、その後は維持経費捻出のためもあってか、エコツーリズム観光客にも開放するようになったという。それだけではない。ついにはジュラルミンの踏板が盗まれてしまい、使用できなくなってしまった。熱帯林の空中散歩も、研究者だけの特権ではもったいないが、さりとて研究に支障が出たり、事故が起きては元も子もない。

†持続可能な国際開発援助

私が初代リーダーとして携わった国際協力事業団（現、国際協力機構／JICA）「インドネシア生物多様性保全計画」（JICAプロジェクト。プロローグ参照）は、一九九四年八月に日本、米国、インドネシア三カ国プロジェクトとして開始され、インドネシア科学院（LIPI）研究者による生物学調査研究の推進や能力向上と、林業省自然保護総局（当時）の国立公園管理運営や情報整備などのための技術移転が行われた。別途、無償資金協力として、動物研究標本館（チビノン・ジャワ島西ジャワ州）や国立公園管理事務所（カバンドゥンガン・ジャワ島西ジャワ州）などが整備された。

プロジェクト運営には、インドネシア側のカウンターパート（LIPIと林業省）のほかに、米国国際開発庁（USAID）などとの連携が必要となった。また、援助の終了が供与施設の閉鎖になるケースも多く、自助努力による持続的な運営が求められた。

前項のリサーチ・ステーション運営も同様だ。プロジェクト提供のリサーチ・ステーションを備えたグヌン・ハリムン国立公園（当時）は、「国際生物多様性観測年（ＩＢＯＹ）」（二〇〇一〜〇二年）のインドネシアにおけるコア・サイトにも指定され、プロジェクト内外の研究者による調査が進められた。多くの研究者などが研究標本館などのプロジェクト施設や野外研究の場としての国立公園を活用することにより、プロジェクトの活性化と、より一層の調査成果等の集積も図られてきた。ＪＩＣＡプロジェクトの終了後も施設を利用する研究者などからは、プロジェクト実施中と同様に持続的な技術移転や協力などを得ることが期待できる。さらに、研究者によるリサーチ・ステーションなどの利用料金を、施設等の自立的運営に充てることも可能である。

また、二〇一五年に閣議決定された「開発協力大綱」では、地球規模問題などは重点課題とされつつも、開発協力の理念・目的として、「国益の確保」への貢献が明確に文書化された。ＪＩＣＡプロジェクトの当時も「顔の見える援助」が声高に叫ばれ、提供機器などには日本の援助品であることを示すマークのＯＤＡシールが貼付されるようにもなっていたが、現在では「見返りを求める援助」が前面に押し出されている。

ＪＩＣＡプロジェクトのような先進国による二国間援助は、建前がどうあろうとも生物資源の確保を保証するための「生物帝国主義」（第一章3節参照）あるいは「新植民地主義」ともみなされる（プロローグ参照）。一方、国際機関などを通じた多国間援助システムの中でのODAは、二国間ODAと比べて直接自国経済の促進と結び付けにくい特徴がある。自国の経済に有利だとしても間接的なものであり、日本にとっては多国間援助の意味はもっぱら政治的な面にあるといえよう。

その点で、JICAプロジェクトで整備したリサーチ・ステーションのように、わが国の援助施設を開放して、他プロジェクトとの連携のための活動拠点として提供することは、わが国のリーダーシップ発揮にもつながる。

とはいうものの、NHKテレビの「クローズアップ現代　生物資源めぐる世界対立」（二〇一〇年七月二〇日放映）を見ていた私は、ある映像にクギ付けになった。いや、衝撃を受けたといったほうが適切かもしれない。その映像には、見覚えのある木製ドアの研究室が映し出されていた。

日本政府とインドネシア側との遺伝資源探査に関する契約は、それまではインドネシア側に利益還元できないものだった。その契約更新に代わって、研究室を生物資源探査の拠点として利用する四〇〇〇万米ドルの契約をインドネシア政府と結んだのは、米国国立衛生研究所などだという。この研究室こそ、日本がJICAプロジェクトの無償資金協力で提供したチビノンの研究標本館だ。映像の中の米国人研究者は、「日本政府のおかげで、素晴らしい研究施設があるので、あとは研究者を育成すればよい」と発言していた。プロジェクト終了後の相手国政府の自立的運営には違いないし、日本の援助が役立っている証拠ではあるが、プロジェクトの当事者として複雑な感情が浮かんだのは事実だ。こんなことを考えるようでは、私自身まだまだ度量が小さいか。

†コスタリカの挑戦

中米の小国コスタリカは、南北アメリカ大陸の接合点に位置することもあり、狭い国土面積の割に生物種が多く、世界でも生物多様性に富んだ国の一つだ。この豊富な自然を活用したエコツーリズムは、産業の少ないコスタリカにおいて、外貨獲得と雇用創出のための重要な位置づけとなっている。今やコスタリカは、エコツーリズムの大国だ（第二章2節参照）。

このコスタリカには、コスタリカ生物多様性研究所（ＩＮＢｉｏ。以下、インビオ）がある。首都サンホセの近郊エレディアの集落内にあるインビオは、国立公園および生物多様性の保全と地域住民の生活との両立、すなわち自然資源の持続的利用のための施設として、一九八九年六月に大統領により計画委員会が設立されたのがスタートであり、その後同年一〇月にインビオ協会として正式に登記された。大統領による設立とはいえ、位置づけは非営利民間団体であり、この形態は民間企業の資金導入など柔軟な運営に役立っている。

コスタリカ国内の生物多様性についての調査研究により、三〇〇万個体を超す野生生物標本コレクションとナショナル・インベントリー（全国目録）整備およびその情報提供体制の整備を推進している。

しかし、その研究経費は小国コスタリカとしては財政的に大変な負担だ。そこで考え出されたのが、世界規模の製薬会社メルク社との契約だ。メルク社は、一九九一年一一月に結ばれた研究産業契約により、インビオからの標本を含む生物多様性情報提供の対価として、化学プロジェクトに六一万五〇〇〇米ドル、研究施設に一三万五〇〇〇米ドルなど、総額一一三万米ドルに上る研究所や国立公園の運営管理費を支援した。インビオでは、メルク社からの運営経費の一〇%を国立公園の管理経費に繰り入れた。

メルク社は独占的な研究開発の権利を有し、インビオ内には研究室も設置された。こうして商業化された医薬品の売上高の一部は、ロイヤルティとしてインビオとコスタリカ政府に支払われる。このインビオとメルク社の間での生物資源探査の権利と利益が生じた場合のロイヤルティ支払に関する契約は、遺伝資源アクセスと利益配分（ABS）精神に基づいた先進国企業と途上国の契約事例として世界的に有名で、生物多様性条約のABSのモデルとなった（第一章3節参照）。こうしたインビオの活動は他の途上国からも注目され、インドネシア科学院（LIPI）はインビオと相互協力の協定を締結（一九九二年一〇月）

パラタクソノミスト（グアナカステ自然保護地域・コスタリカ）

して、その手法を導入した。

さらにインビオは、生物資源探査に必要な分類などの専門的な知識を有する研究者不足を「パラタクソノミスト（分類学研究補助員）」の養成により切りぬけることとした。パラタクソノミストは、インビオの研修コースで分類学や生物学一般の基礎について六カ月の基礎研修を受け、修了すると分類などの仕事に従事するものだ。研修修了者は、居住地で生活しながら標本採集・分類などに従事して給料を得ることができる。これにより、生物多様性の保全はもとより、地域住民の教育、生活安定にも大いに寄与している。こうして地域のパラタクソノミストにより収集された標本類は、インビオ本部に集められ、さらに大学教育を受け専門的に養成された学芸員（研究インターン）により同定・分類される。

世界遺産にも登録されているグアナカステ自然保護地域（ＧＣＡ）には六カ所の研究ス

テーションがあり、約一三〇名の地域住民が公園当局の研修を受けてパラタクソノミストとして科学的データ収集に従事したり、エコツーリズムのガイドとして働いている。私が会ったパラタクソノミストは夫婦で昆虫標本作成などに従事し、月額約四五〇米ドル（二〇〇二年調査当時）を得ている。収入は他の職業に比して決して多いというわけではないが、その知的な職務内容と、何よりも自分たちの成果が郷土の自然保全に役立っているという誇りから、十分満足しているという。公園当局はほかにも、地域の高校校舎の建設や教育プログラムへの支援も行い、地域社会との連携を深めている。

†SDGsの系譜

最近、わが国の経済界などで活躍する人々の背広の下襟（ラペル）に、一七色のリング状ピンバッジ（カラーホイール）が輝いているのをよく見かける。これは、二〇一五年九月の国連サミットで採択された「持続可能な開発目標（SDGs／Sustainable Development Goals）」の一七項目の国際目標のそれぞれのシンボルカラーを組み合わせたものだ。このSDGsに示されている「持続可能な開発（SD）」の系譜をみてみよう。

地球規模の環境問題がにわかにクローズアップされてきたのは、一九六〇年代後半から一九七〇年代初頭にかけてだった。一九七二年六月にストックホルム（スウェーデン）で開催された「国連人間環境会議（ストックホルム会議）」は、環境問題を人類共通の課題として検討した最初の世界的なハイレベル政府間会合である。「かけがえのない地球」のテーマと採択された「人間環境宣言（ストックホルム宣言）」および「世界環境行動計画」は、同年に発表されたローマクラブによるレポート『成長の限界』とともに、その後の世界の環境保全に大きな影響を与え、「持続可能な開発」の下地が醸成されていった。

その後、一九八〇年代に入ると地球環境問題の深刻さが一層増すとともにその解決のための取り組みはさらに活発になった。一九八〇年には、カーター大統領の命を受けた米国政府特別調査報告書『西暦二〇〇〇年の地球』が公表された。さらに、人間環境宣言から一〇年後の一九八二年五月には国連環境計画（UNEP）特別会合で「ナイロビ宣言」が、同年一〇月第三五回国連総会では「世界自然憲章」が採択された。

「持続可能な開発」のキーワードが初めて世界的に公表されたのは、一九八〇年に国際自然保護連合（IUCN）や世界自然保護基金（WWF）、国連環境計画（UNEP）が作成発表した『世界保全戦略（WCS／World Conservation Strategy）』という報告書だった。この報告書ではストックホルム会議の人間環境宣言や行動計画に示された原理を発展させ、有限な地球資源の下で持続可能な開発を保証するための国内および国際的な行動戦略が提言された。いわば「保全」の書であるWCSに「開発」が導入されたのは、開発が主として生物圏の利用を通じて人類の目標を達成することであるのに対して、保全はその利用が持続できるようにすることによって人類の目標を達成することを目標としていると考えたからである。

しかし、このＷＣＳの作成にＵＮＥＰが加わっていたとはいえ、主体がＩＵＣＮとＷＷＦという自然保護セクターだったこともあり、ＳＤは地球環境問題全般のテーマとしては浮上してこなかった。ＷＣＳの翻訳（『地球環境の危機』第一法規）に携わった私としても残念だ。

このキーワードが地球環境問題全般のテーマとして世界的に広まったのは、国連総会決議（一九八三年）により設立された「環境と開発に関する世界委員会（ＷＣＥＤ）」（この委員会は、委員長を務めたノルウェーの女性首相の名をとり「ブルントラント委員会」とも呼ばれた）が一九八七年二月に採択した「東京宣言」と報告書『われら共有の未来』の発表による。

「持続可能な開発」概念を発表した『世界保全戦略』報告書

この報告書では、ＷＣＳが掲げたＳＤの

概念をより明確にし、環境保全のための世界共通の課題と位置付けた。報告書では、「『持続可能な開発』とは、世界のすべての人々の基本的欲求を満たし、世界のすべての人々により良い生活を送る機会を拡大する、すなわち、〝将来の世代の欲求を充たしつつ、現在の世代の欲求も満足させるような開発〟である」と定義している。そしてこれは、生態系を破壊することなく、かつすべての人々にとって妥当な消費水準を目ざした価値観を作り上げて初めて可能になるとした。それでもまだSDは、単に環境セクターのキーワードとみなされ、政治経済社会の各方面に受け入れられるまでには至らなかった。

一九八九年にアルシュ（フランス）で開催された「第一五回先進国首脳会議（アルシュ・サミット）」では、累積債務などの経済問題に加え、地球環境問題が初めてサミットという国際政治の舞台で主要課題として取り上げられ、経済宣言の三分の一強が環境問題で占められるまでになった。また、一九九一年に発表されたWCSの改訂版、新世界保全戦略『地球を大切に』では、地球そのもののため、そして人間社会の発展のためには、地球の生命力と多様性の保全が必要であるとしている。

こうした一九七〇年代から八〇年代、九〇年代初頭にかけての地球規模環境問題に関するさまざまな世界的政策樹立の潮流は、一九九二年六月にリオ・デ・ジャネイロ（ブラジル）で開催された「国連環境開発会議（地球サミット）」に昇華していった。この会議は、

「国連人間環境会議」開催二〇周年を記念して開催されたものであるが、単なる懐古趣味的な記念に留まる訳にはいかなかった。地球温暖化など環境問題の一層のグローバル化と深刻化・複雑化は、会議の名称にも示されるとおり地球環境保全と持続可能な開発の統合のための取り組みを不可欠のものとした。会議には、一〇〇カ国余の元首、首脳が自ら出席したほか、一八二カ国（およびＥＵ）と国際機関、さらに世界各国から多数のＮＧＯなども参加し、まさに地球サミットの名にふさわしい世界的な関心を引き起こした。

一方で、「リオ宣言」「アジェンダ21」を採択した成果とは裏腹に、環境をめぐる南北問題も一気に表面化し、その後の地球環境問題（および関連する社会・経済問題など）対処の困難な道のりを暗示させることになった。会議の直前に採択され会期中に署名された「生物多様性条約」や「国連気候変動枠組条約」における南北間妥協の産物ともいえる条文内容、およびその後の締約国会議等での対立（第一章3節参照）は、これを裏付けているといえよう。

九〇年代にはさらに、国連総会決議（一九九二年一二月）に基づき地球サミットフォローアップのための「持続可能な開発委員会（ＣＳＤ／Commission on Sustainable Development）」が国連経済社会理事会の下部組織として設置（一九九三年）されるとともに、各種条約の締約国会議や地域別政府間会合などが頻繁に開催された。地球サミットから五年後の一九九七年六月にはニューヨークにおいて「国連環境開発特別総会」も開催された。しかし、八〇年代に見られたような華々しい動きはもはやなくなってしまった。

†「環境の炎」が「開発の波」に打ち消される

他方で、環境保全と社会経済（開発）との統合の必要性および先住民・農民や女性の役割の認識が高まった結果、国際人口開発会議（一九九四年、カイロ）、社会開発サミット（一九九五年、コペンハーゲン）、世界女性会議（一九九五年、北京）などの国連会議も開催された。

二一世紀に入ると、二〇〇〇年九月に開催された国連ミレニアム・サミットにおいて、それまでの国際環境会議などで採択された目標を統合した「ミレニアム開発目標（MDGs／Millennium Development Goals）」が採択された。これは、二〇一五年までに達成すべき貧困や飢餓の撲滅など八目標を掲げているが、どちらかといえば途上国向けの経済目標で、環境に関するものは一目標（目標7）だけだった。

地球サミット一〇周年を記念して二〇〇二年にヨハネスブルグ（南アフリカ）で開催された「持続可能な開発に関する世界首脳会議（WSSD／World Summit on Sustainable Development）」では、環境保全と持続可能な開発のためには経済の発展が前提であるとして、会議名称からも「環境」の文字が抜け落ちることとなった。こうして、二〇世紀末の九〇年代に燃え盛った「環境の炎」も、「開発の波」に打ち消される兆候が見え始めた。

一方、MDGsは、「持続可能な開発目標（SDGs）」に引き継がれた。SDGsは、二〇一五年九月の国連サミットですべての加盟国の合意により採択され、二〇三〇年までに達成すべき一七ゴール（目標）と一六九ターゲットで構成されている。こちらは「開発目標」とはなっているものの、経済・社会・環境のそれぞれを調和させ、先進国も含めたすべての国、さらには企業や自治体、市民一人ひとりが取り組むべき目標である（次項参照）。

これまで見てきたように、国際環境政策のエポックは、奇しくも一九六二年にレイチェル・カーソンの『沈黙の春』（第三章2節参照）が出版され、環境問題がより身近で、かつ現在生活している地球上の人々はおろか将来の子孫にまで影響を与える恐れがあることを世界中が認識してから、その後ちょうど一〇年ごとに訪れることになった。地球サミット二〇周年となる二〇一二年六月には、「国連持続可能な開発会議（リオ＋20）」が再びリオ・デ・ジャネイロ（ブラジル）で開催された。

それから一〇年後、地球温暖化対策が喫緊の課題となる中、米国と中国との対立など国際協調に影が差す中での二〇二二年の国連環境会議の風向きは、どうなるのだろうか。政財界人の背広の胸に輝くSDGsのピンバッジが、単なるファッションに終わることのないように祈りたい。

†生物多様性とSDGs

現在では国際的な政治経済戦略や企業経営など経済活動にもしばしば登場するSDGsは、一七の目標（ゴール）と一六九のターゲットから成り、目標1の貧困をなくすことから、目標17の持続可能な開発達成のためのグローバル・パートナーシップの実現まで、環境、社会、経済の各分野にわたり実に幅広く、多彩だ。もちろん、海の豊かさ（目標14）、陸の豊かさ（目標15）を守ることは、本書のキーワードである生物多様性保全そのものである。しかし、他の目標も実は、本書で取り上げた内容に密接に関連している。すなわち、生物多様性の保全のためには、直接的な二つの目標（14と15）だけではなく、貧困（目標1）や飢餓（目標2）、エネルギー（目標7）、平和（目標16）、パートナーシップ（目標17）など他の目標も併せて実現していくことが必要である。裏を返せば、SDGsの目標実現には、生物多様性の保全が不可欠でもあるということだ。

環境セクターの「気候変動（目標13）」（第一章2節参照）や温室効果ガス増加に関連するバイオマスなどの「エネルギー（目標7）」（第一章1節参照）が生物多様性と密接な関係に

図1　SDGs ロゴ
（出典）the United Nations Sustainable Development Goals　https://www.un.org/sustainabledevelopment/
（注：本書の内容は、国連やその当局者、加盟国の見解を反映するものではない）

あることは、本書でも既に述べた。さらに気候変動による異常気象は、集中豪雨による災害や逆に旱魃（かんばつ）による水不足も引き起こすことから、「水・衛生（目標6）」も生物多様性と間接的に関連があることは容易に類推できるだろう。いや、そもそも生物は水なしには生きられないし、防災のための護岸工事などによる生態系への影響も懸念されるのだから、その関係は直接的ともいえるだろう。実際、目標6を達成するための到達点でもあるターゲット6・6では、水系生態系の保護回復も謳われている。

紙面の関係もあり、すべての目標と生物多様性の関係を論じる余裕はないが、たとえば目標1の「貧困撲滅」や目標8の「経済成長と雇用」は、国立公園の協働型管理上でも有効だった（第二章参照）。ターゲット8・9では、雇用の創出や文化振興、産品販売促進となる「持続可能な観光」への言及があるが、これはまさに、「エコツーリズム」そのものである。この内容は、「持続可能な消費と生産（目標12）」でも、ターゲット12bにほぼ同じ文言で提示されている。国立公園で、先住民を排除せずに管理への参画を認めること（第二章参照）は、目標10「不平等」のターゲット10・2を推進することでもある。

また、「飢餓・持続可能な農業（目標2）」では、異常気象や旱魃など（ターゲット2・4）のほか、種子バンクなどによる遺伝的多様性の維持、さらに伝統的な知識の利用を含む遺伝資源へのアクセスと利益配分（ABS。第一章参照）も言及されている（ターゲット

2・5)。

このほか、女性や子どもを含む先住民や地域住民の生活に配慮し、持続可能な生物資源利用のための環境を保全するためのコーヒーやチョコレートなどの製品に付される「認証マーク」制度や「フェアトレード」(第一章2節参照)などの活動は、SDGs全般に関連することでもある。

大航海時代から現代にまで続く先進国あるいはグローバル企業と途上国といった「不平等(目標10)」と対立(第一章参照)を是正するとともに、平和な世界(目標16)を樹立し、そのための「グローバル・パートナーシップ(目標17)」こそは、シームレス、ボーダレスな生物多様性保全の根幹でもある(本章1節参照)。

次章では、SDGs達成のためのグローバル・パートナーシップにも関連する、各国・機関を巻き込んだ国際開発の枠組み「生物多様性保全機構(BCA)」と、国や地域、生物と人間といったボーダーを超え、将来世代にも継承するための「三つの共生」について考えてみたい。

終　章

ボーダーを超えた三つの共生

†世界・自然・未来との共生を目指して

本書では、第一章で植民地支配やグローバル企業などによる生物資源の略奪・独占と国家間の対立を、第二章では自然保護地域をめぐる先住民や地域社会の排除などをみてきた。また、第三章では自然から乖離した人間による生物の大量絶滅などをみてきた。そして、生物多様性の保全のためには、これら国家間の対立、地域社会の排除、自然からの乖離を解消・回避する必要があることを考察してきた。さらに、第四章で未来を志向した持続可能な利用の必要性にもふれた。

そこで最終章として、まず生物多様性の保全について、「生物資源」と「生存基盤」という二つの位置づけを統合した第三のアプローチの必要性を示す。そのうえで、地球はひとつの理念の下、国家間対立解消のための「地球公共財」などについて考察する。さらに生きものへの眼差しの変遷を確認し、人間も生きものの一員であるとの認識として「動物の権利」などについて考察する。そして最後に、相利共生を念頭に、SDGs達成をも見据えた「世界、自然、そして未来との共生(三つの共生)」を提言する。

†生物多様性保全の二つのアプローチ

生物多様性の保全、遺伝資源の利用や保護地域の設定管理をめぐっては、これまでみてきたように、先進国と途上国の対立、すなわち南北問題が横たわっていた。そこで対立点とされた諸問題（たとえば経済的な恩恵のアンバランスなど）は、先進国と途上国との関係だけではなく、国内的、地域的なレベルでも、都市と地方という関係などで存在している。この対立を解消し、地球上の人間がこぞって生物多様性の保全に乗り出すためには、生物多様性を人間が生活するための生物資源として扱うだけではなく、人類を含めたあらゆる生物種の生存の基盤として認識することが重要である。

生物多様性条約前文では、生物多様性の価値として、内在的価値のほか、生態学上、遺伝上、社会上、経済上、科学上、教育上、文化上、レクリエーション上および芸術上の価値を掲げている。また、生物多様性の機能・価値は、国連が作成したミレニアム・エコシステム・アセスメント（二〇〇七年）などでは「生態系サービス」とよばれている（第三章2節参照）。

私は、ミレニアム・エコシステム・アセスメントによる生態系サービスの公表前から、経済学の概念である「財」と「サービス」に着目して、生態系サービスを含む生物多様性の価値を(a)主に種や遺伝子を医薬品や食料品などの生物資源として直接的に利用すること から生じる価値（直接的利用価値）と、(b)大気や水の浄化、水循環や土壌生産力などの改善など人類の生存基盤となるような生態系からの間接的な価値（狭義の生態系サービス。間接的利用価値）とに分類し、整理してきた。そこで本書では、これを援用することとする。

環境政策としては、この直接的利用価値と間接的利用価値の両方を保全する方策が必要となる。このための生物多様性保全政策を、(A)「生物資源保全」の観点からのものを「生物資源保全アプローチ」、(B)人類の生存基盤である「生命保持機構保全」の観点からのものを「生命保持機構保全アプローチ」とする。

これら両者の保全アプローチには、現在考えられる生物多様性の価値を保全するだけではなく、将来世代に生物多様性利用の選択の余地を残しておくこと（オプション価値の保全）や将来世代のために生物多様性自体を継承していくこと（遺贈価値の保全）も含んでいる。このオプション価値や遺贈価値を重視する考え方は、将来にわたる「持続可能な利用」にほかならない。

生物資源保全アプローチ(A)は、直接的利用価値としての生物資源を保全(a)することにより、(1)社会経済の持続的発展の基盤である生物資源の提供を保証することである。また、生命保持機構保全アプローチ(B)は、人類の生存基盤である間接的利用価値（存在価値）としての生態系サービスを保全(b)し、(2)自然により与えられる人類の生命保持機構の保持を追求することといえる。図2は、(1)のための(A)—(a)と、(2)のための(B)—(b)の関係を示して

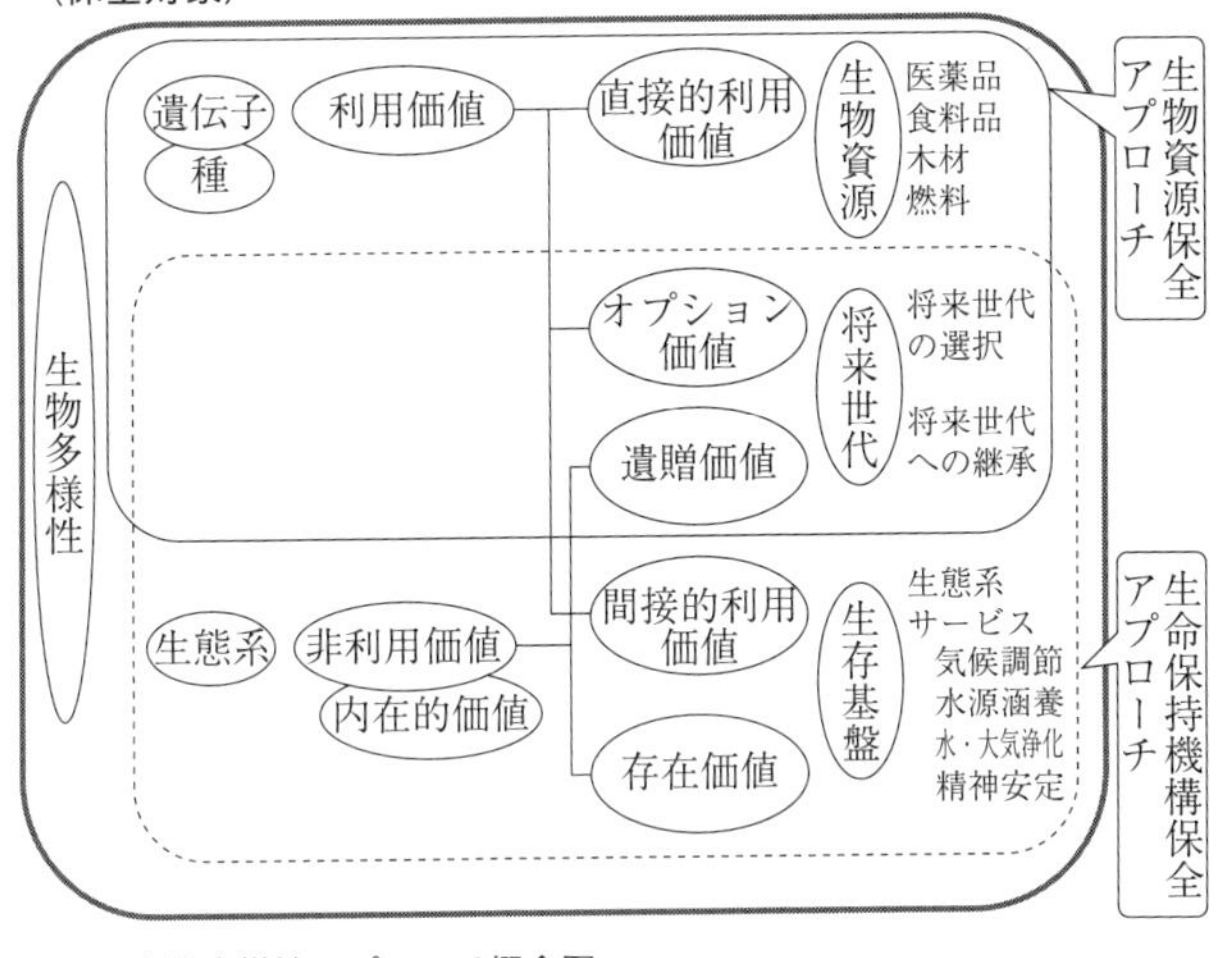

図２　生物多様性アプローチ概念図

（出典）高橋進「生物多様性と国際開発援助」『環境研究』126、2002年

いる。

†第三のアプローチ

生物多様性の保全としては、経済価値に換算可能な生物資源の利用が理解されやすい。それだけに、生物資源をめぐっての国際間の争いも生じてきた。本書においても、生物資源をめぐる大航海時代から現在に至る国際関係を述べるのに紙面の多くを費やした。しかし、いくら資源が保全されても、人類もその一員である生物圏全体の進化の可能性をも内包した生存基盤の保全なくしては、人類の存続もありえない。すなわち、「生物資

源」と「生命保持機構」の両者が保全されて初めて人類が生存できるのである。

そこで、第三のアプローチとして、「生物多様性保全統合アプローチ」を提示する。生物多様性保全統合アプローチは、生物資源の保全と生命保持機構の保全という二つのアプローチの統合により、生物多様性のすべての価値を総合的に保全するものである。統合アプローチによる「生物多様性の保全」は、食料や医薬品など「生物資源の保全」と大気や水の循環など「生命保持機構の保全」により人類の存続を保証するものだ（図2参照）。

これらの生物多様性保全統合アプローチの実施に際しては、国際的な平和維持活動（PKO）のごとく、生物多様性の原産国でもある被援助国も含め、生物資源と生命保持機構の保全のために各国・機関が共通の目的をもち、分担・協力する必要がある。

特に世界的な経済情勢衰退の現在においては、少数の経済大国に依存できない状況であり、一層の国際協調による保全プロジェクトが必要となる。各国・機関のプロジェクトをも巻き込んだ「生物多様性保全機構（BCA／Biodiversity Conservation Alliance）」により、人類共通の財産として生物多様性を協力して保全し、地球環境の保全と人類の繁栄が達成されることを期待したい。また、これにより国際的な平和と共生のための国境を越えた国際平和公園（第四章1節参照）の確立にも貢献することを期待したい。

†「全地球的」問題か、「一地域の」問題か

今から半世紀前の一九六九年七月二〇日（日本時間二一日）、米国の宇宙船アポロ11号は月面着陸に成功した。月着陸船イーグル号から降り立ったアポロ11号船長ニール・アームストロングは、人類史上初めて月面を歩いた人間となった。彼の言葉「これは一人の人間にとっては小さな一歩だが、人類にとっては偉大な飛躍である」を伝える宇宙テレビ生中継に、世界中の人々が釘付けになった。

その前年の一九六八年には、アポロ8号から撮影された月の地平線から青い地球が昇る「地球の出」の写真が世界に配信された。この画像は、一九六一年にソビエト連邦（当時）が打ち上げたボストーク1号で人類初の有人宇宙飛行をしたユーリ・A・ガガーリンが「地球は青かった」と報告した地球の姿に他ならなかった。地球が一つの球体であることを信じて航海に出てアメリカ大陸を「発見」したのはクリストファー・コロンブス（第一章1節参照）だったが、それから五〇〇年後の現代の私たちは誰もが地球の姿を知っている。

その契機となった「地球の出」の画像は、世界中の一般の人間が自身の眼で、地球が丸い一つの物体であることを確認した最初のものとなり、当時の地球環境問題の関心の高ま

りの中で、「史上最も影響力のあった環境写真」として知られるようになった。そして、地球は閉じた宇宙船であり、地球上の資源の無秩序な消費や汚染は、人類の生存基盤である地球環境そのものを危うくする、という経済学者ケネス・E・ボールディングらの「宇宙船地球号」論が、人々に容易に受け入れられる素地ともなった。

地球環境問題には、地球温暖化のように原因も影響（被害）も全地球的、あるいは原因は特定の地域であっても影響が「全地球的」な問題、すなわち狭い意味（狭義）での地球環境問題と、酸性雨や砂漠化のように原因や影響はある程度「地域的」であるものの国境にまたがり、数カ国に関係している問題、すなわち広い意味（広義）での地球環境問題とがある。この観点からは、生物多様性は地球温暖化と同様に全地球に影響が及ぶ「地球環境問題」であるといえる。しかし、生物多様性問題の起源は、生物資源をめぐる「地域的問題」でもあった。

地球温暖化は、一八世紀の産業革命期でさえ、地球上の一地域で発生した問題がやがて全世界を覆うという点では「地球規模」とはいえても、少なくとも先進国と途上国という「南北問題」の図式ではなかった。その意味で地球温暖化は、発生時点においては狭義の地球規模問題であり、広義の地球規模問題は内包していなかったといえよう。

†「資源ナショナリズム」か、「地球公共財」か

現代になり、途上国がまさに発展していく過程で、地球温暖化は産業革命以降の先進工業国による化石燃料消費が主な原因であるとする途上国の主張が力を得てきた。この結果、「国連気候変動枠組条約」（一九九二年）では、その原則（第三条）において、「共通だが差異のある責任」として、先進国と途上国との地球温暖化に対する責任の違いを認めることになった。こうして、地球温暖化問題も、先進国対途上国という「南北問題」となってきた。京都議定書の京都メカニズムでは、排出権売買や援助国と被援助国といった「二国間関係」はあるにしても、基本的には地球温暖化問題は一国対地球規模の関係である。

一方、生物多様性は、一五世紀に始まる大航海時代以降、途上国の生物資源が直接先進国に持ち去られるという点で、初期から「南北問題」を内包していた。これが現代になり、人類の生存基盤という観点からの「地球規模」問題となった。すなわち、生物多様性問題は、問題発生の時点から基本的に生物資源をめぐる「二国間問題」（「地域的問題」）であると同時に、人類の生存基盤としての「地球規模問題」との重層構造を呈していたといえる。

一九九〇年の生物多様性条約検討開始時点までは、植物の遺伝資源は国際法上では人類の共有財産の一部とみなされていた。このオープンアクセスの原則（誰でも制約なしに生

物遺伝資源を利用できる）により、先進国の植物園は熱帯地域の植物採集を進めた。これに対して、インドの女性科学者ヴァンダナ・シヴァなどに代表される途上国などの主張は、本来地域的な生物資源が、バイオテクノロジーの出現によってグローバル企業により地球的な共有財産（地球公共財）になってしまったという。これは、地域社会による生物資源の伝統的な利用と、その利用を「発見」した先進国企業などの、知的財産権をめぐる問題でもある（第一章参照）。

このことは、資本主義や覇権主義的な考え・行動での対処、すなわち（グローバル）企業や国益からのアプローチをする限り、生物資源に立脚する生物多様性問題は、地球温暖化のような意味での地球環境問題となることなく、酸性雨のような地域的問題にとどまることを意味する。この解決のためには、生物多様性をそれが有する重層構造のうち、特に人類共通の財産である「地球公共財（グローバル・コモンズ）」として位置づける必要がある。そして、「人類共通の生存基盤」として理解し、そのための国、企業などの行動規範を確立することが今後の課題である。

第一章でみたとおり、条約交渉などの国際環境政策の場においては、こうした問題点が国家間の南北問題として浮上してきた。途上国が主張する原産国としての権利は、「資源ナショナリズム」として幾度かの国連決議を経て国際的にも正当化されてきた。これが生物多様性条約の交渉とその結果の条文にも反映されているが、一方で人類の共通財産（地球公共財）の保護という新しい概念は一国の国家主権をも剝奪することになる。

こうした「資源ナショナリズム」と「地球公共財」とのせめぎあいは、いわば生物資源の帰属をめぐる争いでもある。世界の熱帯林の破壊や生物多様性の喪失など地球環境問題は、単一の地域を越えた地球規模の環境問題であり、地球的な共有資源への脅威を内包する問題である。したがって、自然資源が明らかに国家の主権管理下にあるような場合であっても、問題に取り組むために一群の国家が地域を越えて何らかの広い国際的な行動を進めようとする必要も出てくる。さらに、資源生産地（提供地）の環境や人々の生活までをも配慮に入れた「フェアトレード」や「認証ラベル」などのような資源利用の姿勢が求められる（第一章2節参照）。

一方で、生物多様性は「生物資源」としての価値とともに、「生命保持機構」としての価値も有するものである。これまで、地球上に酸素が存在するのは水が存在する以上に当然のことと受け止められてきた。すなわち、水を資源として認識することはあっても、酸素を意識することは少なかった。水の存在しない（枯渇する）地域はあっても、酸素の存在しない地域（地表）はないからである。このため、これらを生み出す生物多様性の機能（「生命保持機構」）には認識が薄く、相変わらず「生物資源」としての直接的利用価値に重きを置いた見方しかなされてこなかった。前述のシヴァらの途上国の論理も、もっぱら資源利用に着目していたといってよい。

地球公共財としての生物多様性政策においては、将来の子孫を含めた人類全体のための資源としての広汎なアクセス利用のほかに、人類の生存基盤（生命保持機構）としての位置づけを再認識しなければならない。生物資源としての価値と生命保持機構としての価値を統合したアプローチこそが、複層的な意味での地球公共財に対応するものである。

地球公共財としての視点は、生物多様性政策だけではなく、保護地域政策においても必要である。公共財（共有財）には、ローカル・コモンズ、パブリック・コモンズ、およびグローバル・コモンズがあるが、保護地域においても、入会地や共有林などのローカル・コモンズから、国立公園などのパブリック・コモンズへ、さらに地球規模での世界自然遺産や国際平和公園などのグローバル・コモンズへと続く系譜がある。それは、生物資源としての視座から生命保持機構の視座へと推移してきた生物多様性政策の軌跡と重なるものでもある。そして、せめて南極大陸くらいは、どこの国の領土にも属さない「地球はひとつ」を象徴する大陸であり続けることを願いたい。さらに、半世紀前に人類が降り立った月が、各国の領土争いの対象となることは、是が非でも避けたいものだ。

†生きとし生けるものへの眼差しの変化

アルゼンチンの裁判所は二〇一四年一二月一九日、オランウータンにも人間と同じ基本的な権利が認められるとして、動物園から解放して自然に戻すように命じる判決を出した。三人の裁判官の全員一致の判決だったという。話題の主のオランウータンは、サンドラという二八歳の雌のオランウータンで、住んでいたのはアルゼンチンのブエノスアイレスの動物園。一九八六年にドイツの動物園で生まれて、九四年にアルゼンチンに移ってきたが、生まれてからずっとオリの中の生活だった。

オーストラリア出身の哲学者ピーター・シンガーが提唱した「動物解放論」は、動物園の展示物や実験動物、家畜などとして人類に奉仕し、犠牲となっている動物の権利を認めて、解放すべきというものだ。今回のサンドラに対する判決も、この論の延長上にあるものだ。

自然の権利裁判（自然権訴訟）というのもある。これは、自然物（主として動物）が原告となり、その生息地などの開発の適否を争うもので、米国などで訴訟が始まった。日本でもアマミノクロウサギを原告とする奄美大島のゴルフ場開発反対運動の訴訟をはじめ、オオヒシクイの茨城県圏央道、ナキウサギの大雪山・士幌高原道路などの開発に対する訴訟があるが、いずれも、当事者適格（原告となる資格）の点から却下されている。一方、沖縄普天間基地移転事業では、米国での裁判でジュゴンが原告団の一員となっており、二〇一七年には控訴裁判所が原告適格を認め、連邦地裁で退けられた審理を差し戻す判断を下している。その後連邦地裁は訴えを棄却（二〇一八年）し、原告が控訴して審理が続いている。

動物が裁判に登場するのは今に始まったことではない。中世のヨーロッパでも、「動物裁判」が行われていた。もっともこちらは、「原告」としてではない。人間に危害を与えたブタやウシ、ウマ、ヤギなど、さらには農作物に被害を与えたモグラやネズミ、昆虫などが「被告」として裁判にかけられ、判決により火あぶりの刑や絞首刑などにも処せられた。人間の裁判と同じ手続きが踏まれ、弁護人までついたというが、自然の権利の尊重とは言い難い。

最近では、「アニマルウェルフェア（動物福祉）」という考え方が生まれてきた。ペットはもとより、家畜も快適な環境下で飼養することにより、動物のストレスや疾病を減らそうというものだ。人間よりも羊の方がはるかに多いニュージーランドでは、世界で初めて大型類人猿の法的権利をも認める「動物福祉法」が成立（一九九九年）していたが、さらに動物は感覚のある生き物だと認定し、畜産業界などに適切な動物福祉を義務付けた「動物福祉修正法」が世界に先駆けて可決（二〇一五年）された。

食肉処理（屠畜）に際しても、家畜に苦痛や恐怖を与えないようスタンガンなどで意識を失わせてから処理しようとすることを義務付けた法律が、デンマークやオランダなどヨーロッパの国々で制定されている。これに対して、傷ついた肉を食べることが禁じられているユダヤ教徒や、死肉や絞殺された肉などを食べることが禁じられ、意識がある状態で処理するのが一般的なイスラム教徒は反発しているという。

動物の権利と信教の自由のどちらを選択するのか、どちらの方法が家畜にとってより苦痛が少ないのか、難しい論争が欧州連合（EU）に広がっている。また、日本の伝統食材でもある鯨肉は、欧米各国の反対により商業捕鯨が禁止されている。クジラが絶滅危惧種だというだけではなく、高等な哺乳動物だというのも、捕鯨禁止論の理由のひとつとなっている（第三章1節参照）。

†人間は自然の「支配者」ではなく、「一員」である

米国の歴史学者リン・ホワイトは、その著書『機械と神』（青木靖三訳、みすず書房）で、キリスト教の聖書「創世記」には神が人間のために自然を創造したと記されており、これが近代の自然破壊にもつながったと指摘している。欧米においてはこのようなキリスト教

的思想の影響を強く受けた結果、自然とは人間が支配する単なる資源であると捉える考え方が強くなったというのだ。

この自然と人間との関係、すなわち自然は人間の従属物であるとする考え方は、一九六〇年代後半から変化してきた。ケネス・E・ボールディングらの「宇宙船地球号」論（所収の論文『来るべき宇宙船地球号の経済学』は一九六六年発表）、ローマ・クラブのレポート『成長の限界』や英国の科学者ジェームズ・ラヴロックの「ガイア」理論などに代表されるように、自然資源は有限であり、再生可能とされる生物資源であっても、無秩序な消費や汚染は、人類生存の基盤である地球環境そのものを危うくする、という考え方だ。

人類の生存基盤として自然や地球そのものを捉える考え方への変化は、キリスト教的自然観が自然に対する客観的な眼差しを醸成することとなり、これにより近代科学が進展した結果とも考えられる。すなわち、キリスト教的自然観は、自然を「資源」とみなすことで人間と自然との分断を招いたが、一方でそのことが、自然の客観視に基づく自然メカニズムの解明から、自然が「生存基盤」であるという認識形成に寄与したといえる。

人間は自然の「支配者」というよりも、自然的共同体の「一員」であり、人類が生存していくことは生態系の健全性を維持していくことにかかっている、すなわち、人間の利益と生態系の利益は同一であると考えられるようになってきた。さらに、ノルウェーの哲学者アルネ・ネスらのディープ・エコロジー運動は、人類以外の生物種にもそれぞれ独自に、人類の生存や要求から独立して、繁栄する価値と権利を有すると提起している。

前述の動物解放論や自然の権利裁判、さらにアニマルウェルフェアなどもこの延長上にある。こうした動きは、環境倫理学などでいう、「人間中心主義」からの脱却と「生命中心主義」への移行と考えられる。米国の環境倫理学者ロデリック・F・ナッシュは、こうした人間以外の生物にまで拡大された権利付与の動きは、米国における奴隷、黒人、女性などの解放運動の延長上にあり、さらに「新しいマイノリティ」の解放へと拡大されていく過程でもあるとしている（『自然の権利　環境倫理の文明史』松野弘訳、筑摩書房）。

しかし、現実の国際環境政策の場では、ディープ・エコロジー運動が提唱するような考え方のコンセンサスは未だ得られていない。生物多様性条約前文に当初盛り込まれた「生物が人類に対する利益とは関係なしに存在することを受け入れ」る考え方は結局削除され、代わりに「生物の多様性が有する内在的な価値」との表現が挿入された。この内在的価値とは、人間の利用と離れて自然それ自体に本質的に価値があることを認めることであり、意味合いとしてはディープ・エコロジーの考え方も取り入れたことになる。

ましてや細菌やウイルスなどの「病原体」となると、話は複雑だ。致死率が高い「天然痘」ウイルスは伝染力が非常に強く、紀元前から世界中の人々に恐れられてきた。エジプトのファラオ（王）のミイラにも感染痕が認められる。大航海時代には、ヨーロッパからラテンアメリカへの不均衡な物資等の移動（コロンブスの交換）の結果、免疫のない先住民に広まり、アステカ帝国やインカ帝国などの滅亡原因のひとつともなった（第一章1節参照）。日本でも昔から大流行が何度もあり、第二次世界大戦後の一九四六年にも一万八〇〇〇人の罹患者のうち約三〇〇〇人が死亡した。

イギリス人医師エドワード・ジェンナーが一八世紀末に開発した天然痘ワクチン接種（種痘）の普及は、天然痘の発生数を減少させた。ジェンナーは、牛痘にかかった酪農家は天然痘に罹患しないことをヒントに、病原性の弱い牛痘を人間に接種することを思い付いた。ところが、ジェンナーよりも数百年も前から、中国では天然痘のかさぶたを乾燥させて鼻に吹き込んだり、インドでは天然痘の膿に浸した針を上腕に刺すといった方法で、免疫という概念はないものの、すでに事実上の天然痘接種がなされており、ヨーロッパにも情報が伝えられていた。これぞまさに、ヨーロッパの近代科学に先駆する伝統的生態学的知識（TEK）の一例といえよう（第一章3節参照）。

いずれにせよ、ジェンナーが開発した種痘の普及により、一九七七年のソマリアでの発生が世界で最後の天然痘の自然感染となった。世界保健機関（WHO）は、一九八〇年五月に天然痘の世界根絶宣言をした。今からちょうど四〇年前のこのとき、天然痘は人類史上初めて撲滅に成功した感染症となったのだ。

　ところが、二一世紀の今日でも、人類は天然痘以外の感染症を根絶することには成功していない。二〇二〇年にパンデミック（世界的大流行）を引き起こした新型コロナウイルス（COVID-19）に対しても、闘いに打ち勝つのではなく、「共生」する覚悟も必要となってきた。少なくとも、ウイルスは人間（宿主）を絶滅させることは望んでいない。なぜなら、自分たちが存続できなくなってしまうからだ。

　自己複製能力を有しながらも結晶化するウイルスが、果たして生物か無生物かという論争もある。ベストセラーともなった『生物と無生物のあいだ』（講談社）の著者、分子生物学者の福岡伸一は、「ウイルスを生物であるとは定義しない」という立場だ。他方、前述のリン・ホワイトは、天然痘ウイルスでさえ、神が創造した生命体だという神学上の理由から、その権利を守ろうとしていた。

　ホワイトとは別の科学的理由からだが、自然感染の伝染病としては撲滅したとはいえ、天然痘ウイルスは絶滅されることなく、現在でも米国とロシアのバイオセーフティレベル（BSL）4の施設で厳重に保管されている。生物兵器テロ（バイオテロ）も含めたバイオハザード（生物災害）対策などには、継続的な天然痘ワクチン開発のための生きたウイルスが必要だからだ。

「生命保持機構」を保全しようとすることには、人類の存在や利用とは無関係に生態系が存在すること自体の価値（存在価値）の保全も含まれている。それでもまだ、生物多様性の保全は人類生存のためであり、人類の利益を前提としているとの批判が生じるかもしれない。また、「直接的利用価値」と「間接的利用価値」のほかに、こうした経済的な尺度では測れないような価値として「倫理的価値」の分類項目を組み入れる考えもある。

国を越えての政策には大儀と利益がともなわないと国際的な合意は生まれないものであり、結局のところ国際環境政策も「人間中心主義」にならざるを得ないものでもある。しかし、生物多様性条約前文において「内在的価値」を認めることに世界が合意した以上、「生命中心主義」への政策対応も図っていくことが課題として残る。

日本では、古代からの原始神道（アニミズム）の伝統や仏教思想の影響もあり、「一寸の虫にも五分の魂」、さらには人間と動物の世界を往来する「生まれ変わり」や「輪廻転生」、そして「山川草木悉皆成仏」などの言葉にも象徴されるように、人間と他の生きものを一体視し、すべからく生物は対等であるとする「生命中心主義」的な考え方が生活に根付いている。

研究発表のための国際学会参加でブータンを訪問した際には、腕にカが止まっても叩き殺すことはせず、追い払うだけだという話も聞いた。チベット仏教の教えで、生きている間に善い行いをして徳を積めば再び人間に生まれ変わることができるが、悪いことをすれば動物などに生まれ変わるとされている。生きものを殺す「殺生」も禁じられているが、これは死んだ身内が別の生きものに生まれ変わっているかもしれないからだという。インドなどのジャイナ教信者は、さらに徹底している。お祈りの際には、虫を吸い込まないように口にマスクをかける。僧侶ともなると、いつも白い布で口を覆い、外出の際には箒（ほうき）を持ち歩いて、通り道にいるアリや甲虫をそっと脇にのける。

動物解放の象徴となったオランウータン（グヌン・ルーサー国立公園・インドネシア）

もっとも、これらアニミズムなどの思想は日本など仏教国やアジアだけということでもなく、広く世界に存在する（第四章1節参照）。北米先住民の中には、熊や鷲などの動物を先祖とする出自の伝承があり、これが巨木の彫刻トーテム・ポールに表わされている。これらにも、自然と湧き出る畏敬の念からの信仰に基づく思考と、上から目線の自然を資源と考えるキリスト教的思考との違いを感じる。

ナッシュが言うように、これまでの環境思想の変遷、特に自然・生物の権利拡大は、人種や性差別（ジェンダー）などの解放の延長上にある。それは、各界の境界（ボーダー）を取り除くことでもあった。しかし一方で、アニミズムや仏教思想などが色濃く残る東洋では、人間と生きもの（自然）との関係は包含（一体化、同一化）されたものであり、そもそも境界自体が存在しなかったともいえる。

生物学的には元々人間も動物（生きもの）の一員だが、今や世界的にも倫理上の人間と動物の境界は融解しつつある。インドネシア語（マレー語）で「森の人」を意味するオランウータン。その姿を見ていると、映画『猿の惑星』（フランクリン・J・シャフナー監督、一九六八年公開）の世界ではないけれど、いつしか人間と同じ生活をするようになるのでは、とも思ってしまう。

†三つの共生

これまで述べてきた「生物多様性保全機構（BCA）」構想や国際平和公園、さらにフェアトレード活動などは、世界各国が対立を超えて、すなわち広がりとしての地球規模の視点から「地域・社会を超えた共生」を目指すことでもある。

自国あるいは地域のことだけを考える態度ではなく、地球全体の視点で環境問題を考え、具体的な行動を足元から起こしていこうという「地球規模で考え、地域で行動する」という標語がある。いわゆる「グローカル」（グローバルとローカルを合わせた造語）な視点での対応による地域・社会を超えた共生が、国境もなく（ボーダレス）、連続的（シームレス）な生物多様性の保全には不可欠である。自国の利益優先で生物多様性条約に加盟もしていない米国は、まさにこの考えに逆行しているといえよう。

また、私たちの日常生活が、知らないうちにはるか離れた熱帯林破壊の原因にもつながっている（第一章2節参照）。私たちは生物多様性の喪失による被害者であると同時に、知らないうちに加害者になる可能性がある。したがって、地域を超えて共生するためには、先進国と途上国、保護地域管理者と地域住民といった立場を超えて、その対立の根源ともなっている経済格差や資源などの不公平な配分なども含めた解消が必要になる。

さらには人類だけではなく生命全体の視点からあらゆる生物と「種類を超えた共生」をすることも重要である。自然界は、多くの生物種によって構成された生態系のほうが健全であることを示している。これが、「生物多様性」だ。

人間社会では、とかく管理上も容易な画一化が進みやすい。しかし、「アイルランドのジャガイモ飢饉」（第三章2節参照）や「緑の革命」（第一章3節参照）は、画一化された社会の不安定さ、脆弱性を見事に表している。生物学における「共生（symbiosis）」では、二種以上の生物種がお互いに利益を受けながら、いわば助け合いの中で生活している関係を示す「相利共生」と、片方だけが利益を受ける「片利共生」とがある。これまで人間は、一方的に自然界から恩恵を受ける「片利共生」ではなかっただろうか。人間が一方的に享受してきた恩恵を自然界にも還元する「相利共生」の関係にまで高めることを目指す必要がある。

エコツーリズムや環境教育は、この相利共生を実現する第一歩の手段でもある（第二章2節参照）。さらには、生物種独自の繁栄する価値と権利を認めるディープ・エコロジー的、あるいはアニミズム・仏教的ともいえる考え方にまで到達する。すなわち、片利共生や相利共生のような明確な利益の授受はなくとも、多様な生物が相互の存在を認め合い、共に生きること自体が重要である。これこそがまさに「共生」そのものではないだろうか。

「マレーシア森林研究所（FRIM）」の構内のカプールの木々を下から見上げると、張り出した枝が織り成す実に美しい模様が視界に広がる。この樹冠の組み合わせ文様は、隣の樹木との日照争いを避けるかのようで、まさに他者の存在を排除することなく、互いに共存していく姿の象徴のように映る。

地球上で唯一の人類、私たち現生人類（ホモ・サピエンス）の遺伝子には、既に絶滅した人類、ネアンデルタール人やデニソワ人のDNAが受け継がれているという。「共生」関係であったかどうかは別として、少なくとも「交配」していたことは確かなようだ。もっとさかのぼれば、私たち現生人類の細胞内に存在するミトコンドリアは、地球上の生命誕生の物語に登場する好気性細菌の子孫が多細胞生物に取り込まれたもので、独立したDNAを有している。このミトコンドリアの基本的な特徴は、動物、植物、菌類でも共通だ。また、ヒトとチンパンジーのDNAは、九八パーセント以上が同一だともいう。これらの事実は、生物学の授業で学んだ「進化系統樹」、あるいは岩槻の「生命系」（第三章2節参照）の概念が示すところだ。

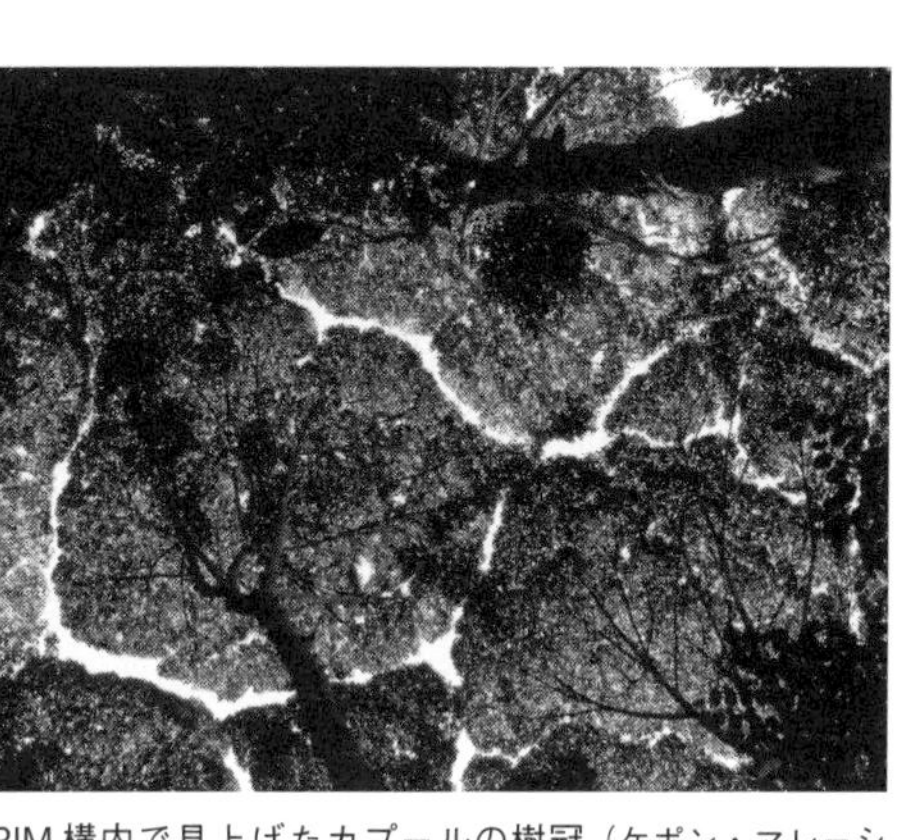

FRIM構内で見上げたカプールの樹冠（ケポン・マレーシア）

　そして、地球誕生、生命誕生以来連綿と受け継がれてきた生物多様性を私たちの時代からさらに未来へも継承することは、「時代を超えた共生」の実現にほかならない。悠久の時を経て

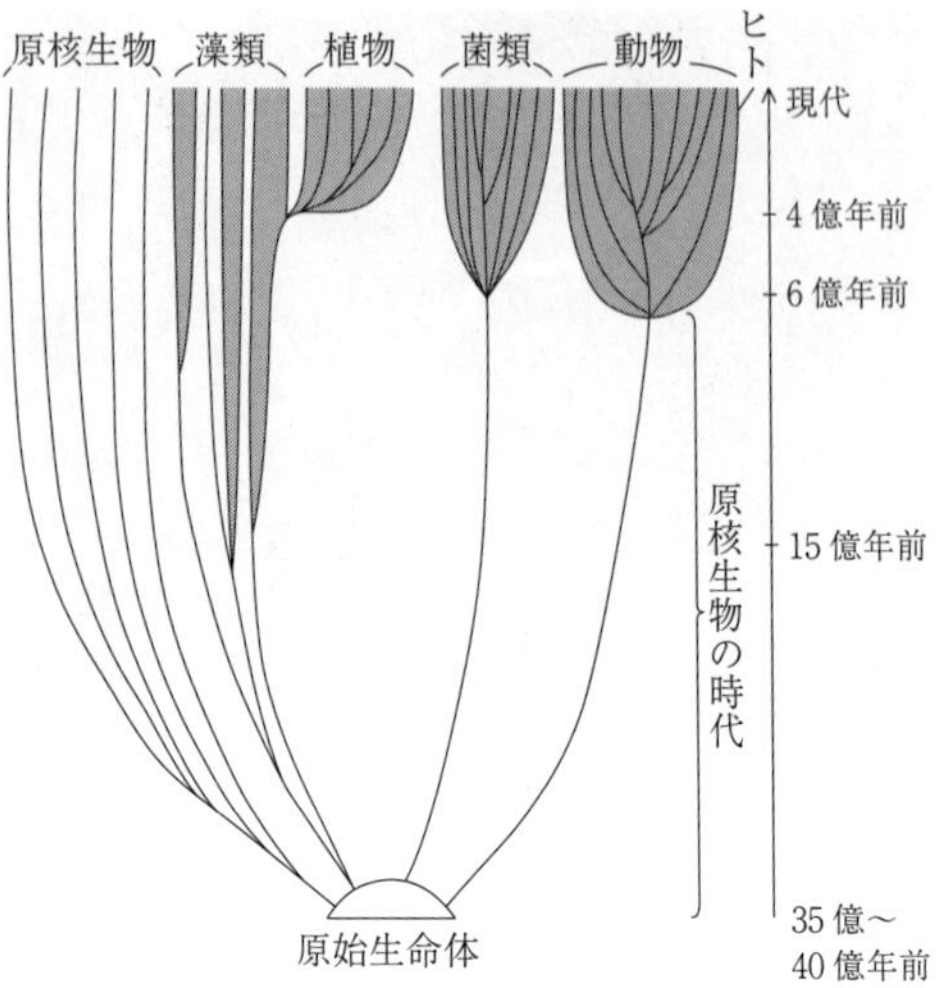

現代に生きる巨樹を未来に継承すること（第四章1節参照）も、そのひとつの表れだろう。『世界保全戦略（WCS）』（一九八〇年）で初めて発表された「持続可能な開発」の概念は、われわれの世代で資源を使い尽くすことなく、将来世代にも伝えようということであり、この「時代を超えた共生」の考え方を示しているといえよう（第四章2節参照）。生物多様性の恵みを将来にわたって継承し、自然と調和・共存する「自然共生社会」の実現にも通じることである。

図3　進化系統樹
（出典）岩槻邦男『生命系』（1999年）

これらの「地域・社会」、「種類」、そして「時代」を超えた相利共生としての「三つの共生」こそが、生物多様性保全を進めるうえで根幹となる考え方であり、その実現こそが私たち全人類が未来に向かって歩む際に求められていることではないだろうか。

最近よく目にする「ＳＤＧｓ」の目標は、目標1の貧困をなくすことから、目標17の持続可能な開発達成のためのグローバル・パートナーシップの実現まで、実に幅広く、多彩だ（第四章2節参照）。

さらに最近、環境や人々、社会、地域に配慮した消費や投資、すなわち「エシカル消費（倫理的消費）」や「ＥＳＧ投資」（環境〈Ｅ〉、社会〈Ｓ〉、企業統治〈Ｇ〉に配慮した企業への投資）と呼ばれるライフスタイル・考え方も関心を集めている。本書で提示している「地域・社会」、「種類」、そして「時代」を超えた「三つの共生（世界・自然・未来との共生）」は、まさにエシカル消費、ＥＳＧ投資やＳＤＧｓを達成するために必要な考え方でもある。

エピローグ　幸せの国から

本書では、地元の人々が連綿として受け継ぎ、利用してきた生物資源が、他所から来訪した権力などによって搾取されてきた大航海時代などの事例や、米国での先住民を排除して誕生した国立公園などを紹介してきた。これは、世界史上の物語や日本から遠く離れた地域での出来事だけではない。松前藩や明治政府による北海道開拓の際のアイヌ民族、あるいは島津藩による琉球処分の際の琉球王国の人々の身に降りかかったことでもあり、明治時代に日本が近代国家として歩み始める過程でも各地に類似事例が多発した。また、私たちの日常生活は、知らぬうちに熱帯林などの自然やそこに住む人々の生活を蝕んでさえいる。

それだけではない。数千年にわたって人々が食料や医薬品として利用してきた植物など生物資源が突如としてグローバル企業の特許によって独占され、地域の人々が排除されて料金を支払わないと利用できなくなる事例も、途上国だけの話ではない。現在の日本でも、たとえば水道事業の民営化によって、住民が井戸を掘って水を利用しようとすると、水源が同一だとの理由で井戸使用料が請求されるといった事態が懸念されるとの指摘もある。

本書では、世界各地の社会と文化、そして人々の生活を理解容認したうえでの「地域・社会を超えた共生」、人類以外の生きものとの「種類を超えた共生」、過去に学び未来に伝える「時代を超えた共生」の「三つの共生」を提唱している。また発想のもとともなった生物と人間の関係や地域・種類・時間を超える考え方も示してきた。


本書の結びとして、「共生」を日常生活として実践している「幸せの国」ブータンでのエピソードを紹介したい。

二〇一四年六月、パロ国際空港から約三三〇キロメートルの道のりを丸一日かけて、私は研究成果の発表のために国際民族生物学会（ISE）が開催される中部ブータンのブムタン地方の中心的な町チャムカルに到着した。学会発表の合間を縫って町の周辺に点在する「ラカン」や「ゴンパ」と呼ばれる寺院を巡ることにした私は、その前日に小さな商店で昼食用のパンを買おうとした。そこで、店主に翌日に食べたいが大丈夫か尋ねたところ、「このパンは昨日入荷したものだから、大丈夫。でも、明日食べるのなら四軒先の店には今朝仕入れたパンがあるから、そちらで買った方がよい」との返事だった。自分の店の営業、つまり経済性を度外視して、客の満足を優先する、その態度に驚いた。

まさに他人の幸せが自分の幸せにもなるという、「幸せの国」を実感した瞬間だった。ハエやカまでも殺さずにそっと追いやるだけで殺生はしないこの国では、犬たちも車に追い立てられることなく、路上に安心して横たわっている。そして私も、買ったパンを口に入れながら、訪れた寺の軒に吊るされた風鐸（ふうたく）の澄んだ音色を聴いている間、満ち足りた感覚を味わった。これぞ極楽というものかもしれない。

ブータンでは、峠（ラ）は神聖な場所だ。峠の樹々の間には、ロープに括りつけられた経文や風の馬が描かれた色とりどりの旗（ルンタ）が張り巡らされている。峠だけではなく、山の頂、大きな岩なども聖なる地である。風の通り道も聖なる地で、無数に立てられた幟旗（ダルシン）が風にはためいている。これらには経文が書かれており、祈りが風に載って運ばれるという。また、ネパール様式仏塔などの四方に描かれた大きな目、仏陀眼（ブッダアイ）は、トラックのヘッドランプ部分などにも描かれている。仏陀の五番めの眼は、人々を災いから守る魔除けと同時に、人々の行いを見守っているに違いない。

日本でも、山岳や大岩は聖なる地であり、巨木には注連縄（しめなわ）が巻かれ、オオカミさえも神格化されている。そして私たちの世代は、「お天道様が見ている」として、他人の目がなくとも、ゴミを捨てたり草花を折ることなく、倫理的な行動をとるように教えられてきた。

欧米のキリスト教（一神教）世界で近年になって、人間も自然の一員であり、動物解放、すなわち動物にも人間同様の権利がある、との思想が生まれてきたのは、奴隷や性（ジェンダー）の解放の延長だった。

これは、唯一神によって創造され、支配されてきた人間と生きものとの、神からの解放

峠に張り巡らされたルンタ（ドチュラ峠・ブータン）

トラックに描かれた仏陀眼（チャムカル・ブータン）

でもある。そして、かつて「文明国人」によって土地や生きる権利さえも奪われてきた先住民の権利も回復されつつある。オーストラリア先住民アボリジニの信仰対象となっていた世界最大級の一枚岩の名称が、先住民の呼称である「ウルル」に変更され、さらに観光登山が禁止されたのもその一例である。

私は「三つの共生」を提唱してきたが、ここまできて、神(唯一神)からの解放をさらに進めた「神々との共生」を追加したい誘惑にかられる。神々(や仏たち)との共生は、ブータンの人々の生活態度であり、前述のアボリジニをはじめ世界中の人々の古来の生活に取り入れられていたアニミズムの考え方でもある。本文中でもふれたハラリによれば、神々の役割の一つは、人間と自然(生態系)との間を取り持つことだという(『ホモ・デウス　テクノロジーとサピエンスの未来』柴田裕之訳、河出書房新社)。

私たち日本人も、縄文以来のＤＮＡを受け継いで、自然の中に神の存在をおぼろげに認め、生きものと人間とが一体化した世界を生きてきた。映画『もののけ姫』で、アシタカ(人間)ともののけ姫(森の神々＝自然)とが、相互の存在を認めつつ、共存の道を探ったように。こうした縄文時代の自然観や生活様式は、近年、哲学者の梅原猛や科学文明史学者の伊東俊太郎などにより再評価されてきている。そのひとり環境考古学者の安田喜憲は、アニミズムの復権による「全球アニミズム化運動」(『一神教の闇　アニミズムの復権』筑摩書房）を唱えていたが、「やっと欧米人も私の主張に理解をしめし、アニミズム的な改革運動を始めました」と筆者あて私信で報じている。アニミズムや原始宗教（信仰）を現代にそのまま持ち込むことはできないが、聖なる山や巨樹のように現代的な新たな価値の付与や創造によって、アニミズムの復権（神々との共生）と自然との共生を図ることは可能ではないだろうか。

ところで最近話題になっているものに、脳内で分泌される「幸せホルモン」とも呼ばれるオキシトシンがある。オキシトシンはすべての哺乳類が分泌するが、人間はこのオキシトシンに特に強く依存する動物であるという。オキシトシンは、飼い主から愛情を注がれたペットの犬や猫に分泌されるが、それだけではない。愛情を注いだ側の飼い主の脳内でもオキシトシンが増大して、落ち着きと幸せな気分を得ることができる。そもそも犬や猫は、牛や馬などのように人間が利用するために一方的に飼育してきた家畜とは異なる。番犬や狩り、ネズミ取りなど人間に利益があるだけではなく、彼らにとっても人間と「共に生きる」ことで、餌や外敵の心配がなくなることから、自ら人間生活の中に入り込んできたのだ。これは、「相利共生」の姿そのものでもある。

相手のこと、他者を思いやることは、「自国第一主義」を掲げる国同士が衝突する現代の政治社会では現実的には難しいかもしれないが、個人対個人、人間対生物では可能ではないだろうか。いや、テロや核兵器の脅威が依然として無くならない国対国の関係でこそ必要だろう。三つのボーダーを超えた「共生」とは、決して単なる同一化ではない。それぞれの存在を認め合い、尊重し合うことが必要である。そのことを「生物多様性」は教示している。

これまで紹介してきた事例は、一つひとつが岩から浸み出した雫のようなものだ。本書により、これらの雫が集まり紡がれた「地域・社会を超えた共生」、「種類を超えた共生」、「時代を超えた共生」、そして「神々との共生」の流れを形作り、さらに地球上の生きとし生けるものが幸せに暮らすことのできる未来への大河となることを期待したい。

二〇二〇年の新型コロナウイルス感染拡大では、私たちは「他者からうつされない」ように気を付けると同時に、いやそれ以上に、「他者にうつさない」ように気を配ることの大切さを学んだ。マラリアやペスト、スペイン風邪など、人類は古くから感染症と闘ってきたが、根絶に成功したのは天然痘だけだった。他の感染症は、大流行は押さえつけられてはいるものの、ウイルスなどは自然界に生き残っている。ウイルスを生物とみなすかどうかは別として、人類がこれらの病原体との闘いに勝つことは困難である以上、病原体との共生（「ウィズ・コロナ」とも称される）までをも視程に入れる必要があるだろう。

それだけではない。現に、私たち人類の細胞内には地球上の生命誕生の物語に登場する好気性細菌の子孫が多細胞生物に取り込まれたミトコンドリアも存在するし、腸内細菌など多くの微生物や細菌類も体内で共生しているのだ。また、感染拡大を恐れ国や地域が孤立化し、さらに世界保健機関（ＷＨＯ）をめぐって米国と中国が対立するまでになっている現在、東西冷戦時代に米国とソビエト連邦（当時）が協力して天然痘を撲滅したように、ボーダーを超えた世界的協力の実践が求められている。

本書の校正中に米国大統領選挙が終了し、（トランプ大統領は敗北宣言を拒否しているが）バイデン新大統領の誕生が確実となった。これにより、「一国至上主義」から「協調路線」への転換が期待される。新大統領は、現大統領が脱退（通告）した「パリ協定」や「世界保健機関（ＷＨＯ）」への復帰を宣言した。しかし、「生物多様性条約」への加盟については、未だ言及さえもされていない。

本書は、生物多様性や自然資源を軸として、これらをめぐる大航海時代以来の帝国と植民地、後の先進国・グローバル企業と途上国など国同士の関係、自然保護地域をめぐる先住民など地域社会との関係、あらゆる生きものなど自然との関係、さらに将来世代へ現代をどのように繋ぐかという未来との関係、などの課題について探究したものである。

執筆には、国際会議、ＪＩＣＡプロジェクト、熱帯林・国立公園研究といった私自身の世界各地での体験などが織り込まれている。また、掲載写真は私自身が撮影したものである。このほか、私の前著『生物多様性と保護地域の国際関係　対立から共生へ』（明石書店）を含めた発表論文、そして多くの国内外の学術論文や書籍を参考とした（特に第二章では学術論文や外国語文献を多用した）。先人の成果を活用させていただいたことに感謝する。このうち主要なもの（論文・外国語文献を除く）を巻末に参考文献として掲載したので、さらなる探究に役立てていただきたい。なお、本文中の敬称は省略させていただいた。

筑摩書房編集部の伊藤笑子さんには、冗長で焦点が曖昧になりがちな原稿に対し的確なご指摘をいただき、おかげでコンパクトで分かりやすい本書として出版できた。記して感謝申し上げる。また、出版への橋渡しをしていただいた藤田英典・都留文科大学学長と永田士郎さん・筑摩書房にもお礼申し上げる。さらに、インドネシアをはじめ世界各地で出会った多くの地域の人々や研究者の協力に感謝する。そして旅と執筆を支えてくれた私の家族に本書を捧げたい。

二〇二〇年一一月

高橋　進

参考文献

（注：複数章での参考文献は、初出の章のみに記載している）

【第一章】
青野由利『ゲノム編集の光と闇　人類の未来に何をもたらすか』筑摩書房、二〇一九年
デイヴィッド・アーノルド（飯島昇藏、川島耕司訳）『環境と人間の歴史　自然、文化、ヨーロッパの世界的拡張』新評論、一九九九年
生田滋『大航海時代とモルッカ諸島　ポルトガル、スペイン、テルナテ王国と丁字貿易』中央公論社、一九九八年
井上真（編）『アジアにおける森林の消失と保全』中央法規出版、二〇〇三年
磯崎博司、炭田精造、渡辺順子、田上麻衣子、安藤勝彦（編）『生物遺伝資源へのアクセスと利益配分　生物多様性条約の課題』信山社、二〇一一年
キャシィ・ウイリス、キャロリン・フライ（川口健夫訳）『キューガーデンの植物誌』原書房、二〇一五年
上野玲『ナポリタン』小学館、二〇〇六年
臼井隆一郎『コーヒーが廻り世界史が廻る　近代市民社会の黒い血液』中央公論社、一九九二年
マルタ・ヴァヌチ（向後元彦ほか訳）『マングローブと人間』岩波書店、二〇〇五年
『エコロジスト』誌編集部（編）『遺伝子組み換え企業の脅威　モンサント・ファイル』緑風出版、一九九九年
金澤周作（編）『海のイギリス史　闘争と共生の世界史』昭和堂、二〇一三年
加納啓良『【図説】「資源大国」東南アジア　世界経済を支える「光と陰」の歴史』洋泉社、二〇一四年
川北稔『砂糖の世界史』岩波書店、一九九六年

河野和男『〝自殺する種子〟　遺伝資源は誰のもの？』新思索社、二〇〇一年
ジョン・クレブス（伊藤佑子、伊藤俊洋訳）『食　90億人が食べていくために』丸善出版、二〇一五年
ソフィー・D・コウ、マイケル・D・コウ（樋口幸子訳）『チョコレートの歴史』河出書房新社、一九九九年
国分拓『ノモレ』新潮社、二〇一八年
グレゴリー・コクラン、ヘンリー・ハーペンディング（古川奈々子訳）『一万年の進化爆発　文明が進化を加速した』日経BP社、二〇一〇年
小島正美（編）『誤解だらけの遺伝子組み換え作物』エネルギーフォーラム、二〇一五年
デビッド・C・コーテン（桜井文訳）『グローバル経済という怪物　人間不在の世界から市民社会の復権へ』シュプリンガー・フェアラーク東京、一九九七年
C・M・コットン（木俣美樹男、石川裕子訳）『民族植物学　原理と応用』八坂書房、二〇〇四年
後藤乾一（編）『インドネシア　揺らぐ群島国家』早稲田大学出版部、二〇〇〇年
小山鐵夫『黒船が持ち帰った植物たち』アボック社出版局、一九九六年
リチャード・T・コーレット（長田典之ほか訳）『アジアの熱帯生態学』東海大学出版会、二〇一三年
エルナンド・コロン（吉井善作訳）『コロンブス提督伝』朝日新聞社、一九九二年
斉藤和季『植物はなぜ薬を作るのか』文藝春秋、二〇一七年
酒井伸雄『文明を変えた植物たち　コロンブスが遺した種子』NHK出版、二〇一一年
ローレンス・E・サスカインド（吉岡庸光訳）『環境外交　国家エゴを超えて』日本経済評論社、一九九六年
バンダナ・シバ（松本丈二訳）『バイオパイラシー　グローバル化による生命と文化の略奪』緑風出版、二〇〇二年

ヴァンダナ・シヴァ（戸田清、鶴田由紀訳）『生物多様性の危機　精神のモノカルチャー』明石書店、二〇〇三年
ヴァンダナ・シヴァ（奥田暁子訳）『生物多様性の保護か、生命の収奪か』明石書店、二〇〇五年
ヴァンダナ・シヴァ（山本規雄訳）『アース・デモクラシー　地球と生物の多様性に根ざした民主主義』明石書店、二〇〇七年
ロンダ・シービンガー（小川眞里子、弓削尚子訳）『植物と帝国　抹殺された中絶薬とジェンダー』工作舎、二〇〇七年
シーボルト（大場秀章監修）『日本植物誌』筑摩書房、二〇〇七年
ジーボルト（斎藤信訳）『江戸参府紀行』平凡社、一九六七年
白幡洋三郎『プラントハンター　ヨーロッパの植物熱と日本』講談社、一九九四年
ジャレド・ダイアモンド（倉骨彰訳）『銃・病原菌・鉄　一万三〇〇〇年にわたる人類史の謎』草思社、二〇〇〇年
デヴィッド・タカーチ（狩野秀之ほか訳）『生物多様性という名の革命』日経BP社、二〇〇六年
高橋進『生物多様性と保護地域の国際関係　対立から共生へ』明石書店、二〇一四年
武田尚子『チョコレートの世界史　近代ヨーロッパが磨き上げた褐色の宝石』中央公論新社、二〇一〇年
旦部幸博『コーヒーの科学「おいしさ」はどこで生まれるのか』講談社、二〇一六年
多屋勝雄（編著）『アジアのエビ養殖と貿易』成山堂書店、二〇〇三年
ナヤン・チャンダ（友田錫、滝川広水訳）『グローバリゼーション　人類5万年のドラマ』NTT出版、二〇〇九年
フレッド・ツァラ（竹田円訳）『スパイスの歴史』原書房、二〇一四年
堤未果『日本が売られる』幻冬舎、二〇一八年

堂本暁子『生物多様性　生命の豊かさを育むもの』岩波書店、一九九五年
ルース・ドフリース（小川敏子訳）『食糧と人類　飢餓を克服した大増産の文明史』日本経済新聞出版、二〇一六年
西村三郎『文明のなかの博物学　西欧と日本』紀伊國屋書店、一九九九年
ユヴァル・ノア・ハラリ（柴田裕之訳）『サピエンス全史　文明の構造と人類の幸福』河出書房新社、二〇一六年
久野秀二『アグリビジネスと遺伝子組換え作物　政治経済学アプローチ』日本経済評論社、二〇〇二年
ジェフリー・ヒール（細田衛士ほか訳）『はじめての環境経済学』東洋経済新報社、二〇〇五年
船山信次『毒と薬の世界史　ソクラテス、錬金術、ドーピング』中央公論新社、二〇〇八年
キャロリン・フライ（甲斐理恵子訳）『世界植物探検の歴史　地球を駆けたプラント・ハンターたち』原書房、二〇一八年
古川久雄『植民地支配と環境破壊　覇権主義は超えられるのか』弘文堂、二〇〇一年
マーク・プロトキン（屋代通子訳）『メディシン・クエスト　新薬発見のあくなき探究』築地書館、二〇〇二年
ジョン・ヘミング（国本伊代、国本和孝訳）『アマゾン　民族・征服・環境の歴史』東洋書林、二〇一〇年
クライブ・ポンティング（石弘之訳）『緑の世界史』朝日新聞社、一九九四年
増田和也『インドネシア　森の暮らしと開発　土地をめぐる〈つながり〉と〈せめぎあい〉の社会史』明石書店、二〇一二年
松永俊男『博物学の欲望　リンネと時代精神』講談社、一九九二年
南直人『ヨーロッパの舌はどう変わったか　十九世紀食卓革命』講談社、一九九八年
エリック・ミルストーン、ティム・ラング（大賀圭治ほか訳）『食料の世界地図（第2版）』丸善出版、二

〇〇九年
村井吉敬『エビと日本人Ⅱ　暮らしのなかのグローバル化』岩波書店、二〇〇七年
森岡一『生物遺伝資源のゆくえ　知的財産制度からみた生物多様性条約』三和書籍、二〇〇九年
エディット・ユイグ、フランソワ＝ベルナール・ユイグ（藤野邦夫訳）『スパイスが変えた世界史　コショウ・アジア・海をめぐる物語』新評論、一九九八年
山田憲太郎『香料の歴史　スパイスを中心に』紀伊國屋書店、一九九四年
山村則男（編）『生物多様性どう生かすか　保全・利用・分配を考える』昭和堂、二〇一一年
デイヴィッド・ライク（日向やよい訳）『交雑する人類　古代ＤＮＡが解き明かす新サピエンス史』ＮＨＫ出版、二〇一八年
マット・リドレー（大田直子、鍛原多惠子、柴田裕之訳）『繁栄　明日を切り拓くための人類10万年史』早川書房、二〇一〇年
デイヴィッド・Ｊ・リンデン（岩坂彰訳）『快感回路　なぜ気持ちいいのか　なぜやめられないのか』河出書房新社、二〇一二年
ピーター・レイビー（高田朔訳）『大探検時代の博物学者たち』河出書房新社、二〇〇〇年
ポール・ロバーツ（神保哲生訳）『食の終焉　グローバル経済がもたらしたもうひとつの危機』ダイヤモンド社、二〇一二年
アントニー・ワイルド（三角和代訳）『コーヒーの真実　世界中を虜にした嗜好品の歴史と現在』白揚社、二〇一一年
渡辺京二『逝きし世の面影』平凡社、二〇〇五年
渡辺幹彦、二村聡（編）『生物資源アクセス　バイオインダストリーとアジア』東洋経済新報社、二〇〇二年

スージー・ワードほか（難波恒雄監修）『世界食文化図鑑　食物の起源と伝播』東洋書林、二〇〇三年

【第二章】

青木保ほか（編）『移動の民族誌』岩波講座　文化人類学　第7巻、岩波書店、一九九六年
秋道智彌『なわばりの文化史　海・山・川の資源と民俗社会』小学館、一九九九年
秋道智彌『コモンズの人類学　文化・歴史・生態』人文書院、二〇〇四年
池谷和信（編著）『地球環境史からの問い　ヒトと自然の共生とは何か』岩波書店、二〇〇九年
市川昌広、生方史数、内藤大輔（編）『熱帯アジアの人々と森林管理制度　現場からのガバナンス論』人文書院、二〇一〇年
井上真、酒井秀夫、下村彰男、白石則彦、鈴木雅一『人と森の環境学』東京大学出版会、二〇〇四年
加藤則芳『森の聖者　自然保護の父ジョン・ミューア』山と溪谷社、一九九五年
後藤武士『読むだけですっきりわかる世界史　近代編　コロンブスから南北戦争まで』宝島社、二〇一一年
ポール・コリアー（村井章子訳）『収奪の星　天然資源と貧困削減の経済学』みすず書房、二〇一二年
笹岡正俊『資源保全の環境人類学　インドネシア山村の野生動物利用・管理の民族誌』コモンズ、二〇一二年
鈴木光『アメリカの国有地法と環境保全』北海道大学出版会、二〇〇七年
筒井迪夫『林野共同体の研究』農林出版、一九七三年
毛利勝彦（編著）『生物多様性をめぐる国際関係』大学教育出版、二〇一一年

【第三章】

秋道智彌『クジラは誰のものか』筑摩書房、二〇〇九年
伊藤章治『ジャガイモの世界史　歴史を動かした「貧者のパン」』中央公論新社、二〇〇八年
石原俊『近代日本と小笠原諸島　移動民の島々と帝国』平凡社、二〇〇七年
岩槻邦男『生命系　生物多様性の新しい考え』岩波書店、一九九九年
榎本智恵子『ブータンの学校に美術室をつくる』WAVE出版、二〇一三年
ポール・エーリック、アン・エーリック（戸田清ほか訳）『絶滅のゆくえ　生物の多様性と人類の危機』新曜社、一九九二年
遠藤公男『ニホンオオカミの最後　狼酒・狼狩り・狼祭りの発見』山と渓谷社、二〇一八年
河野和男『〝自殺する種子〟　遺伝資源は誰のもの？』新思索社、二〇〇一年
鬼頭秀一『自然保護を問いなおす　環境倫理とネットワーク』筑摩書房、一九九六年
小松正之『クジラと日本人　食べてこそ共存できる人間と海の関係』青春出版社、二〇〇二年
上村清（編）『蚊のはなし　病気との関わり』朝倉書店、二〇一七年
レイチェル・カーソン（青樹簗一訳）『沈黙の春』新潮社、一九七四年
澤野雅樹『絶滅の地球誌』講談社、二〇一六年
ソニア・シャー（夏野徹也訳）『人類五〇万年の闘い　マラリア全史』太田出版、二〇一五年
髙橋順一『鯨の日本文化誌　捕鯨文化の航跡をたどる』淡交社、一九九二年
成田和雄『ジョン万次郎　アメリカを発見した日本人』河出書房新社、一九九〇年
林景一『アイルランドを知れば日本がわかる』角川書店、二〇〇九年
ユヴァル・ノア・ハラリ（柴田裕之訳）『ホモ・デウス　テクノロジーとサピエンスの未来』河出書房新社、二〇一八年

リチャード・B・プリマック、小堀洋美『保全生物学のすすめ（改訂版） 生物多様性保全のための学際的アプローチ』文一総合出版、二〇〇八年
エリカ・マカリスター（鴨志田恵訳）『蠅たちの隠された生活』エクスナレッジ、二〇一八年
ジョン・マコーミック（石弘之、山口裕司訳）『地球環境運動全史』岩波書店、一九九八年
デール・R・マッカロー、梶光一、山中正実（編）『世界自然遺産 知床とイエローストーン 野生をめぐる二つの国立公園の物語』知床財団、二〇〇六年
丸山直樹、須田知樹、小金澤正昭（編著）『オオカミを放つ 森・動物・人のよい関係を求めて』白水社、二〇〇七年
ミレニアム・エコシステム・アセスメント（編）（横浜国立大学21世紀COE翻訳委員会責任翻訳）『生態系サービスと人類の将来 国連ミレニアムエコシステム評価』オーム社、二〇〇七年
安田喜憲『森を守る文明・支配する文明』PHP研究所、一九九七年
山本紀夫『ジャガイモのきた道 文明・飢饉・戦争』岩波書店、二〇〇八年
山本紀夫『コロンブスの不平等交換 作物・奴隷・疫病の世界史』角川書店、二〇一七年

【第四章】

臼井久和、綿貫礼子（編）『地球環境と安全保障』有信堂高文社、一九九三年
蟹江憲史『SDGs 持続可能な開発目標』中央公論新社、二〇二〇年
金熙徳（鈴木英司訳）『徹底検証！日本型ODA 非軍事外交の試み』三和書籍、二〇〇二年
種生物学会（編）『森林の生態学 長期大規模研究からみえるもの』文一総合出版、二〇〇六年
仲松弥秀『神と村』梟社、一九九〇年
ロデリック・F・ナッシュ（松野弘訳）『自然の権利 環境倫理の文明史』TBSブリタニカ、一九九三年

（筑摩書房、一九九九年）
野本寛一『生態と民俗　人と動植物の相渉譜』講談社、二〇〇八年
林希一郎（編著）『生物多様性 生態系と経済の基礎知識』中央法規出版、二〇一〇年
菱沼勇『日本の自然神』有峰書店新社、一九八五年
宮家準『霊山と日本人』日本放送出版協会、二〇〇四年
安田喜憲『山は市場原理主義と闘っている』東洋経済新報社、二〇〇九年
クロード・レヴィ＝ストロース、中沢新一『サンタクロースの秘密』せりか書房、一九九五年
和歌森太郎（編）『山岳宗教の成立と展開』名著出版、一九七五年

【終章】

池上俊一『動物裁判　西欧中世・正義のコスモス』講談社、一九九〇年
井上民二、和田英太郎（編）『生物多様性とその保全』岩波書店、一九九八年
衛藤瀋吉、渡辺昭夫、公文俊平、平野健一郎『国際関係論　第2版』東京大学出版会、一九八九年
加藤尚武『環境倫理学のすすめ』丸善、一九九一年
蟹江憲史『環境政治学入門　地球環境問題の国際的解決へのアプローチ』丸善、二〇〇四年
インゲ・カール、マーク・A・スターンほか（編）（FASID国際開発研究センター訳）『地球公共財　グローバル時代の新しい課題』日本経済新聞社、一九九九年
更科功『絶滅の人類史　なぜ「私たち」が生き延びたのか』NHK出版、二〇一八年
ジャレド・ダイアモンド（著）、レベッカ ステフォフ（編著）（秋山勝訳）『若い読者のための第三のチンパンジー　人間という動物の進化と未来』草思社、二〇一五年
A・ドブソン（松野弘監訳、栗栖聡ほか訳）『緑の政治思想　エコロジズムと社会変革の理論』ミネルヴァ

書房、二〇〇一年
福岡伸一『生物と無生物のあいだ』講談社、二〇〇七年
ガレス・ポーター、ジャネット・W・ブラウン（細田衛士監訳）『入門地球環境政治』有斐閣、一九九八年
リン・ホワイト（青木靖三訳）『機械と神　生態学的危機の歴史的根源』みすず書房、一九七二年
ドネラ・H・メドウス（大来佐武郎監訳）『成長の限界　ローマ・クラブ「人類の危機」レポート』ダイヤモンド社、一九七二年
デイビッド・モントゴメリー、アン・ビクレー（片岡夏実訳）『土と内臓　微生物がつくる世界』築地書館、二〇一六年
米本昌平『地球環境問題とは何か』岩波書店、一九九四年
アダム・ラザフォード（垂水雄二訳）『ゲノムが語る人類全史』文藝春秋、二〇一七年

【エピローグ】

伊東俊太郎（編）『日本人の自然観　縄文から現代科学まで』河出書房新社、一九九五年
御手洗瑞子『ブータン、これでいいのだ』新潮社、二〇一六年
安田喜憲『一神教の闇　アニミズムの復権』筑摩書房、二〇〇六年

ちくま新書
1542

生物多様性を問いなおす
――世界・自然・未来との共生とＳＤＧｓ

二〇二一年一月一〇日　第一刷発行

著　者　高橋　進（たかはし・すすむ）
発行者　喜入冬子
発行所　株式会社　筑摩書房
東京都台東区蔵前二―五―三　郵便番号一一一―八七五五
電話番号〇三―五六八七―二六〇一（代表）
装幀者　間村俊一
印刷・製本　三松堂印刷　株式会社

ISBN978-4-480-07365-5 C0245